智能媒体交互系列教程

王建民　主编

交互界面设计

周晓蕊　著

同济大学出版社 · 上海

图书在版编目（CIP）数据

交互界面设计 / 周晓蕊著. -- 上海：同济大学出版社，2021. 2
（智能媒体交互系列教程/王建民主编）
ISBN 978-7-5608-9592-5

Ⅰ. ①交… Ⅱ. ①周… Ⅲ. ①人机界面—程序设计—高等学校—教材 Ⅳ. ①TP311. 1

中国版本图书馆 CIP 数据核字（2021）第 043308 号

交互界面设计

周晓蕊 **著**

责任编辑 张　睿　**责任校对** 徐春莲
封面设计 蔡　涛　**封面拍摄** 周晓蕊　**封面执行** 陈益平

出版发行 同济大学出版社 www. tongjipress. com. cn
（地址：上海市四平路 1239 号 邮编：200092 电话：021-65985622）
经　销 全国各地新华书店
制　作 南京月叶图文制作有限公司
印　刷 上海安枫印务有限公司
开　本 710 mm×1000 mm 1/16
印　张 11. 25
字　数 225 000
版　次 2021 年 2 月第 1 版
印　次 2022 年 9 月第 2 次印刷
书　号 ISBN 978-7-5608-9592-5
定　价 69. 00 元

智能媒体交互系列教程

编　委　会

总序

同济大学艺术与传媒学院，一直聚焦于“全媒体和大艺术”，注重“以美育人，以文化人”，致力于培养具有新理念、新视野、新技能的艺术与传媒领域社会栋梁和专业精英。同济大学艺术与传媒学院作为上海市委宣传部部校共建新闻传播学院（2018—2021，2022—2025），获批中国科协办公厅等部门组织的2021年度学风传承示范基地、教育部高校学生司首批供需对接就业育人项目获批单位（2022）；2021年获文化和旅游部中国文化艺术政府奖第四届动漫奖“最佳动漫教育机构”奖；2019年获批上海市高校课程思政领航学院，入选同济大学首批“三全育人”综合改革试点学院。动画专业（2020）、广播电视编导专业（2021）成为国家一流本科专业建设点，动画专业2022年软科入列A+专业，排名第四。

2011年前后，时任同济大学传播与艺术学院院长王荔教授致力于构建学院教育部数字媒体艺术人才培养模式创新实验区，在教育部特色专业——动画专业建设过程中，出版了“中国高校动画专业系列教材”，为同济大学动画专业发展奠定了扎实的基础。

时光飞逝、岁月如梭，同济大学艺术与传媒学院动画专业逐步形成以动画内涵为基础、以智能媒体交互为特色的专业建设格局，形成了从智能媒体交互（微专业），到设计学、MFA（艺术设计）等学术和专业硕士及设计学（新媒体艺术）博士培养方向的全链条专业体系，动画专业在人才培训、艺术创作、学术研究、服务社会等领域都得到了长足的发展。

在以学院动画专业教师为核心、学院各专业教师的联动支持下，经过专业论证、学院批准，逐步规划形成了“智能媒体交互系列教程”。该系列教程的出版是同济大学艺术与传媒学院在同济大学人工智能赋能专业建设的重要举措，也是学院全面增强动画、数字媒体领域的专业和课程建设，积极融入同济大学人工智能发展元素，面向行业应用领域重要方向、面向国家重点发展领域及新兴方向的重要建设举措。

“智能媒体交互系列教程”的编纂，目前全部由同济大学艺术与传媒学院在任教师完成，是学院在媒体、艺术和设计相关课程教学中的知识沉淀，也是学院对于人工智能融入专业建设的思考和重要举措。

“智能媒体交互系列教程”的出版得到了同济大学与上海市委宣传部部校共建暨院媒合作项目的支持，以及中国电子视像行业协会智能交互技术工作委员会的技术指导。

由于时间仓促，“智能媒体交互系列教程”还受学院目前的人才团队、发展现状的限制，不足之处，请各高校师生、学者及媒体设计从业人员给予意见和建议。

教授

同济大学艺术与传媒学院副院长

中国电子视像行业协会智能交互技术工作委员会主任

2022 年 6 月 10 日

写在前面的话

这是一本高等院校的专业教程，下面这段话或许不是很适合写在这里，但我觉得，每个人走到今天都应该不忘来时的路，最初的梦想与热情让我们选择了这样的人生或者事业的方向，在路的起点总有那么一个人或者一件事，成为这段里程的一个奇妙开始。一位老人和一个简陋的工作坊让我与交互艺术结缘。

这位老人就是 Lothar Spree 教授，一位高大壮硕、和蔼可亲的德国老人，虽然他在几年前已经离开了我们，但每次带领师生进行交互艺术创作时，这位老教授的音容笑貌便会浮现在我眼前。正是他给我们带来了 2005 年那个寒冷又热情澎湃的与交互艺术的第一次邂逅，以及莫干山路一个老厂房里的一场交互艺术展。

那是我们第一次做交互艺术工作坊，临时起意，二十几名完全没有学过交互设计的同学和老师聚集在一起，开始了为期两周的交互媒体艺术创作工作坊。项目的发起人就是 Lothar Spree 教授。两周后我们为那次的创作成果在莫干山路的一个艺术空间举办了第一场公开的交互艺术展，展览有一个有趣的名字——《虚拟动物园》。两周能做什么？在还没有对交互艺术创作有基本认知的情况下，我们运用最简单的机电技术和还不是很熟练的编程软件，创作了 7 件交互装置艺术作品，从主题创意到技术实现，从场景设计到最后的展览布置，只用了两周的时间。现在看来，虽然技术简单，装置甚至可以说简陋，但每件作品都充满想象力和创造性。两周时间足够让我们对交互艺术着迷。

如果说 15 年前，Spree 教授和交互艺术的魅力带领我们走入了新媒体艺术的殿堂，15 年后，让我们坚持前行的则是一份社会使命感。15 年的发展，交互艺术不仅在技术上取得了巨大的进步，其应用领域也不再仅停留在感官享受上，更不再仅是艺术家的大玩具；现在的交互艺术不仅可以给民众的生活带来巨大的便利，更可以解决很多以往没办法解决的民生热点问题，交互艺术早已成为我们建设社会的有力工具。目前，交互艺术已被应用到社会生活的方方面面，改造不合理的社会设施，构建更加健康的社会体系，提升人民的生活质量，让社会更加幸福、安全和美好。

作为交互艺术教育工作者，如果说初心是兴趣与热情，15 年来，我们一起见证了它羽翼丰满，展现出巨大的商业价值和社会价值，看着它展翅高飞，这让我们所有人的那份初心得以延续，甚至激发出更大的动力。

于我来讲，交互艺术开始于一位老人，但我希望通过我们的努力，接棒的是千千万万去改造世界的年轻栋梁们!

周晓蕊　于上海

2020 年 1 月

目录

总序

写在前面的话

引言　理念的养成

第 0 章　初识交互设计 …… 2

第一部分　设计概念

第 1 章　交互设计概述 …… 8

1.1　什么是交互设计 …… 8

1.2　交互设计应用领域 …… 8

1.3　交互设计流程 …… 15

第 2 章　交互界面设计基础 …… 31

2.1　交互界面设计概念 …… 31

2.2　交互界面设计特点 …… 33

2.3　交互界面设计原则 …… 37

第二部分　设计理论

第 3 章　逻辑界面设计基础 …… 40

3.1　概念及应用领域 …… 40

3.2　开发工具选择 …… 41

3.3　信息架构设计 …… 44

3.4 视觉美术设计 …… 48
3.5 信息可视化设计 …… 55
3.6 原型设计 …… 58

第4章 物理界面设计基础 …… 60
4.1 概念与应用领域 …… 60
4.2 物理界面设计流程 …… 61
4.3 信息类别与采集方法 …… 62
4.4 信息处理与传输方法 …… 64
4.5 物理界面交互设计原则 …… 66

第三部分　设计方法

第5章 机电技术基础 …… 72
5.1 电路基础 …… 72
5.2 工具箱 …… 74
5.3 常用电子元件 …… 78
5.4 开关电路设计实例 …… 85
5.5 单片机 Arduino …… 89
5.6 Arduino 编程基础 …… 91

第6章 交互界面设计方法 …… 98
6.1 计算机外设法 …… 98
6.2 单片机方法 …… 105

第四部分　交互界面设计实践

第7章 物理界面创作实践 …… 116
7.1 “要有光”交互灯具设计 …… 116

7.2 “书中自有黄金屋”交互电子实物书籍设计 …… 128
7.3 “穿在身上的风景”智能可穿戴设计 …… 135
7.4 “外星人的百草园”交互公共空间设计 …… 140

第 8 章 交互综合界面创作 …… 148
8.1 交互艺术装置：《虎域》 …… 148
8.2 交互艺术装置：《丝绸之路》 …… 155
8.3 反思与总结 …… 164

参考文献 …… 167

引言 理念的养成

初识交互设计

第 0 章　初识交互设计

交互设计是基于数字技术基础上发展起来的全新的设计类别，要想成为一名优秀的交互设计师，不仅需要不断的努力学习各类交互设计需要用到的相关数字技术，还应该在学习与实践阶段，逐渐掌握交互设计方法，积累交互设计经验，树立交互设计思想，养成交互设计理念。只有站得高才能看得远，交互设计是一门综合性的设计门类，设计师需要对设计需求进行综合考量，并依据正确的设计理念，才能设计出既有深远社会价值，又有广阔商业前景的优秀交互作品。所以，在学习的过程中，应该有意识的培养并建立起一套既适合社会价值导向，又符合当前设计潮流的交互设计理念，指引我们在交互设计大道上不断砥砺前行。

在开始本教程的学习之前，我们将通过一件早期的交互设计作品的创作实践，来了解一下一般的交互设计理念是如何养成的，希望可以给大家一些启发。

这件创作于 2008 年初的“Media Code”交互艺术装置作品，是为一个与新媒体教育论坛同时举办的新媒体艺术展提供参展作品背景介绍的一件展览辅助类艺术作品。作品核心的设计目标是向观众详细解读展馆里所有新媒体艺术作品背后的秘密，通过作品的制作花絮与创作者访谈纪录片，向当时对新媒体艺术还不甚了解的参会人员和普通观众揭开新媒体艺术的神秘面纱，进而对每件作品的设计构想、创作方法等有一个更深入的认知，以达成本次展览的主要办展目标。

“Media Code”严格意义上不是一款独立的交互艺术作品，而是专门为本次新媒体艺术展设计的辅助观展的功能性作品，为了配合展会的新媒体主题，同样采用了新媒体艺术创作的方法来对解密纪录片进行展示，让整个新媒体艺术展更加完整。虽然现在看来，“Media Code”所用的技术并没有多精深，但因其设计场景较复杂，设计需求较丰富，所以在作品的策划和设计实施过程中，逐渐积累并形成了交互设计理念的基本雏形，又经过十多年实践检验与修正，现在我们已形成了一套系统化、人性化和实验化的较全面的交互设计创作理念。

1. 系统化设计理念

系统化设计是交互设计的重要设计理念之一。在实际项目中，通常可以充分发挥数字技术的特点和优势，运用一些数字媒体技术，对项目的数据与功能需求进行系统化的整合，以应对项目复杂的设计需求。如，在“Media Code”交互装置项目中，就是运用了二维码技术，分别在产品形式的系统化和表现风格的系统化两方面进行了深入的探索。

（1）产品形式的系统化

“Media Code”是为与新媒体教育论坛配套的新媒体艺术展设计的作品，设计目标是用实用的手段向观众解密新媒体艺术展中所有参展作品背后的故事。通过前期调研，本项目的设计目标主要有三点：首先应该具有向观众展示作品解密短片的功能；其次作品本身也应该是一件新媒体艺术作品；最后作品应该成为新媒体教育论坛与新媒体艺术展的黏合剂，将两场活动有机地连接起来。

2008 年，二维码技术还是一种全新的编码与读码的新媒体技术，因为其解码的概念正好契合了“Media Code”项目解密的设计语意，所以项目选择了二维码作为核心技术展开了产品形式的系统化设计。运用二维码技术，即可以实现观众用现场机器扫码观看所有新媒体艺术作品解密纪录片的需求，也可以通过印刷在论文集封底的“Media Code”二维码图片，扫码在网站平台观看。同时，论文集上的二维码图片又很好的将新媒体教育论坛与新媒体艺术展两个活动紧密连接在了一起。本项目运用二维码技术，完美地实现了项目产品形式的系统化设计。

（2）表现风格的系统化

二维码图像是由黑白色块组成的编码图标，完美地契合了“Media Code”作品解密的设计概念，所以项目全程从二维码图标的视觉元素出发，几乎在项目的所有设计环节中都选择了黑白色块这一视觉表现风格进行系统化设计。比如，逻辑界面的开场视频动画就是选择了二维码的视觉元素来展开的；项目物理界面设计时，也采用了黑白灰色实体灯箱和色块进行了交互装置空间场景的设计。项目充分运用了二维码的视觉元素，实现了作品表现风格的系统化设计。

2. 人性化设计理念

人性化设计是现代设计的重要指标，在“Media Code”项目中，也充分考虑到观展人群的心理与生理需求，通过以下几方面的细节设计，展现出作品人性化设计的特质。

（1）合理的空间规划

展会的空间规划也是人性化设计的充分体现。基于作品的展览辅助功能类设计属性，艺术展出口的展位完全符合该作品的设计目标，观众在体验完新媒体艺术作品的奇妙后，再在“Media Code”展区通过观看艺术作品的解密纪录片，更有利于对整个新媒体艺术展进行消化吸收，这样的人性化设计满足了观众的心理需求，为这场奇妙的新媒体艺术之旅画上圆满的句号。

(2) 多功能一体化设计

“Media Code”作品现场提供了座椅，可以让观众在参观后放松身体，边休憩边观看纪录片，同时还可与同伴进行交流讨论，集观展、休憩和讨论多功能于一体的设计，满足了观众观展过程中的多种生理与心理需求，是运用人性化设计理念进行创作的重要体现。

(3) 资源的充分利用

在教育论坛论文集的最后加印了一页“Media Code”项目中所有解密纪录片的二维码，可供参会人员和普通观众长久收藏。二维码页面采用厚卡纸印刷，并打上了邮票洞，观众也可将所有二维码拆折成卡片，装订成便携的卡片册使用，满足多种使用场景的需求。

▲ 图 0-1 “Media Code”媒体密码装置设计

3. 实验化设计理念

与传统艺术设计不同，交互媒体等数字媒体艺术形式创作的另一个重要设计理念就是实验化，也就是可以在主题与观念上、技术与媒介上，以及语言与表达等方面进行实验创新。

"Media Code"就在媒介选择上进行了实验创新。打破了屏幕单向播放纪录片的展示方式，而采用了交互设计装置的方式，给观众带来更多便利和趣味的全新观展体验。

"Media Code"虽然已经过去十多年了，但从它开始养成的科学而实用的交互设计理念，让我们受益至今。

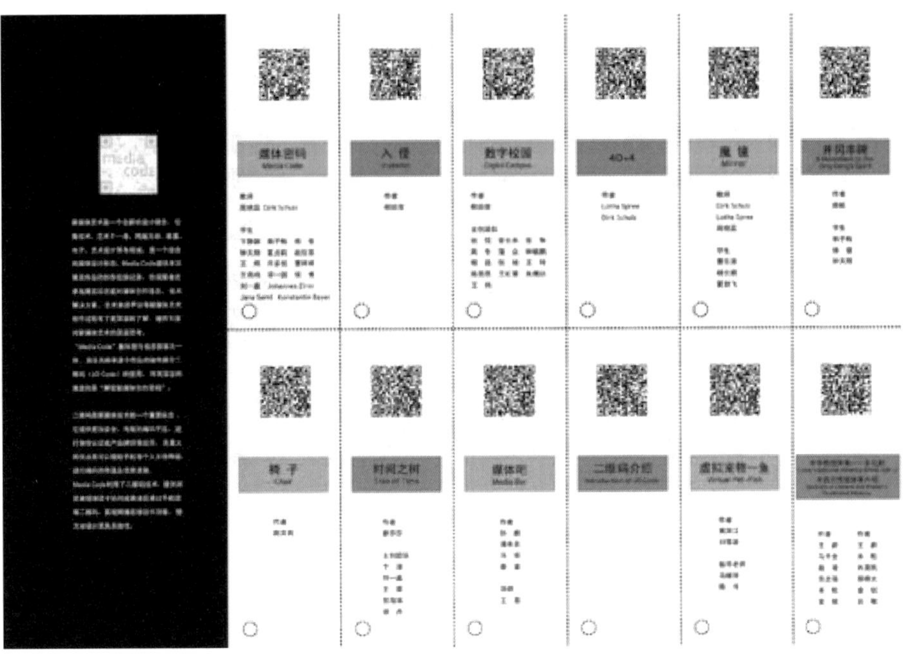

▲ 图 0-2　"Media Code"媒体密码卡面

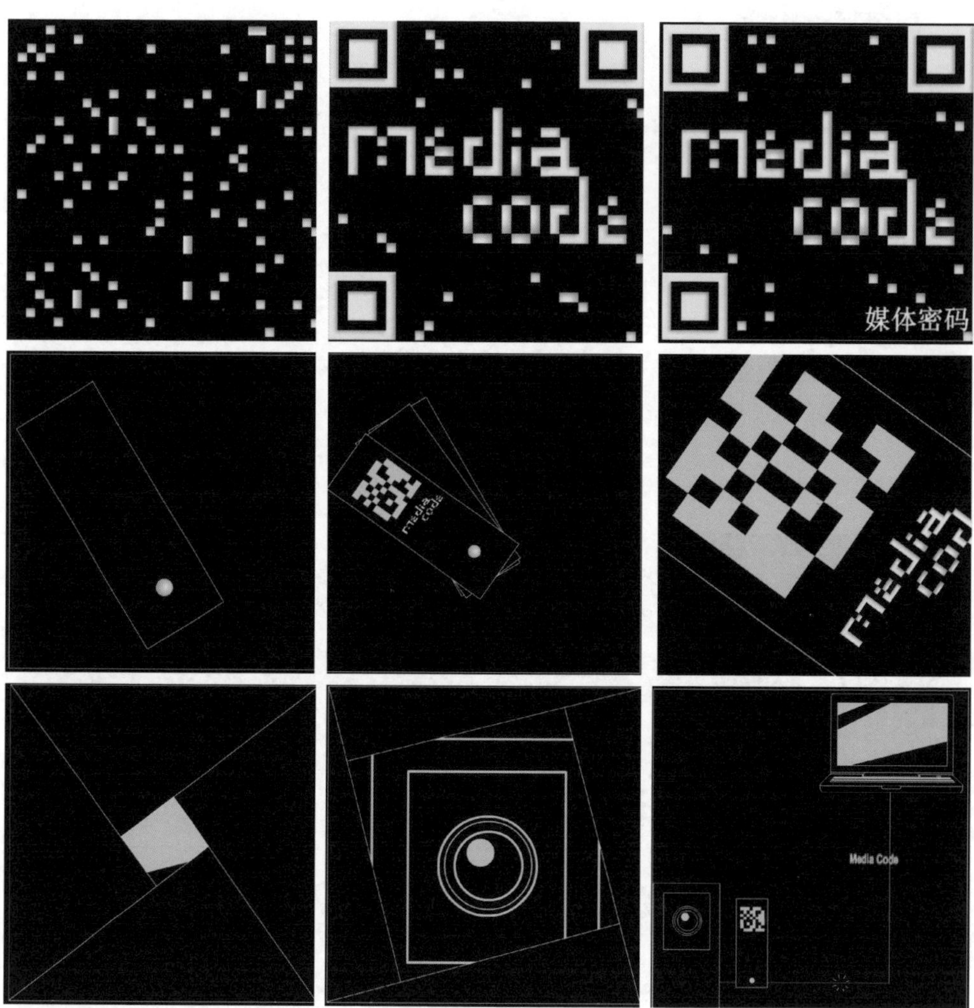

▲ 图 0-3 “Media Code”媒体密码开场动画

第一部分 设计概念

交互设计概述

交互界面设计基础

第 1 章　交互设计概述

1.1　什么是交互设计

交互设计是新媒体艺术的一个重要分支，是由世界顶级设计咨询公司 IDEO 的一位创始人比尔·摩格理吉（Bill Moggridge）在 1984 年最先提出的，研究人机之间的交互界面设计，后来更名为“Interaction Design”，缩写为 IXD。交互设计让设计产品更符合人们日常的生活使用习惯，让产品更好用，使用起来更有趣，是能给使用者带来更大愉悦感的设计研究领域。

1.2　交互设计应用领域

交互设计是伴随着信息技术快速成长起来的。交互设计不但开创了许多全新的应

▲　图 1-1　某国际机场的交互旅游广告

用领域，如虚拟仿真、电子商务等，同时交互设计也可以和众多工业与服务等行业结合，拓展出全新的发展方向，比如融合了交互功能的创新舞台设计，在给观众带来全新艺术体验的同时，也让表演艺术焕发出新的艺术活力。

交互设计应用领域大体可分为艺术与设计两大门类，下面就让我们简单了解一下交互设计是如何在纯艺术领域开拓创新、在商业设计中大显身手的吧。

1. 纯艺术创新

艺术包括造型艺术、表演艺术、综合艺术等，是人类文化的璀璨结晶，这些艺术在几千年的发展过程中逐渐完善，最终形成了现在我们看到的美术、音乐、表演、影视等不同的艺术形式。随着科技的发展，信息技术也快速走进了艺术家们的创作视野，那些走在前面的创新艺术家们运用交互语言和数字技术，或对传统的艺术加以改造和创新，或创造出全新的艺术形式。自动生成艺术是交互艺术的主要表现形式，常被用于交互装置艺术或交互舞台艺术的创作实践。

所谓自动生成艺术，一般是指艺术家与科学家运用计算机程序等现代技术，设计一个交互的规则，然后由观众的行为、数据的变动或其他实时变化的物体参与，实现一种无法复制的实时互动艺术，具有偶发艺术的鲜明特征。比如由艺术家 Chris Milk 制作的“The Treachery of Sanctuary”交互影像作品，就是由观众们共同参与完成的交互影像艺术作品，观众可以通过肢体语言与作品设计好的程式进行互动，生成无法复制的美丽影像。而由法国双 H 艺术家组合创作的环保主题作品“Green Cloud”，则依据污染数据在百米高空烟囱冒出来的烟雾上投射出不同风格、形态与大小的激光光束，用以唤醒人们对环境保护和能源等议题的关注。这种艺术形式如果可以应用到舞

▲ 图 1-2　交互装置作品“The Treachery of Sanctuary”

▲ 图 1-3 交互装置作品《神奇镜子》

台表演艺术实践中，会创造一种全新的表演叙事语言，成为一种全新的舞台叙事方法。另外，自动生成艺术还可以拓展到很多交互物理装置艺术作品中，比如 Daniel Rozin 的《神奇镜子》就是一个典型的交互物理装置艺术作品，将 Kinect 设备采集到的现场观众实时动态影像，通过黑白实物毛刷矩阵复刻出来，让观众体验另一种照镜子的感觉。

近年来，交互装置艺术作品越来越多地出现在各大艺术中心、展览馆、城市绿地等公共空间，成为都市里一道道亮丽的风景。

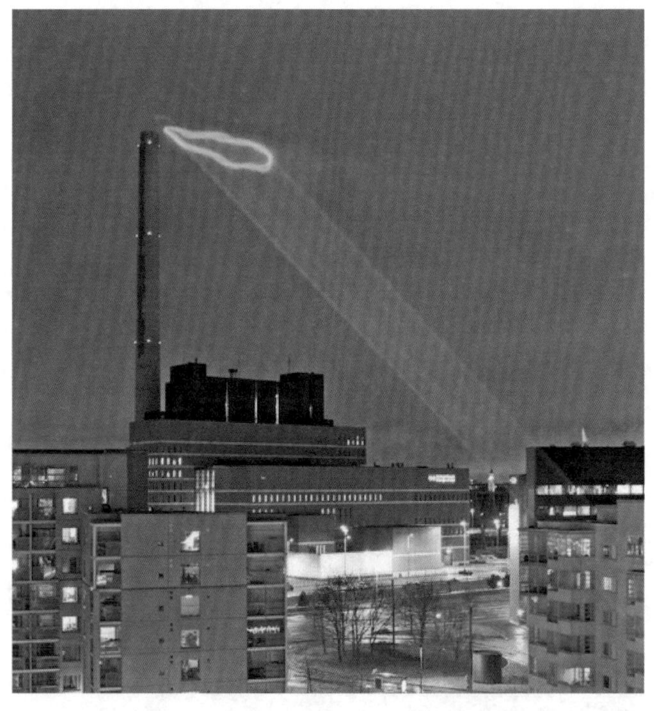

▲ 图 1-4 法国双 H 艺术家组合的交互艺术作品“Green Cloud”

2. 商业设计应用

看完交互设计在艺术领域的瑰丽身影后，我们再把视线转向商业设计领域，你会惊奇地发现，现代交互设计在短短二三十年间就创造了无数的商业奇迹。

交互设计在商业设计领域的发展是丰富多彩的，不同应用领域的交互产品展现出巨大的形态差异。我们按其表现形式，又将交互设计在商业设计领域的应用分成四个大类，包括交互装置、虚拟仿真、信息服务和实体产品。当然这只是一种分类方法，也可按其交互形态，分成信息和功能两个大类。但这里，为了让大家对交互设计有一个更清晰的认知，我们还是将其细分为四类分别加以介绍。

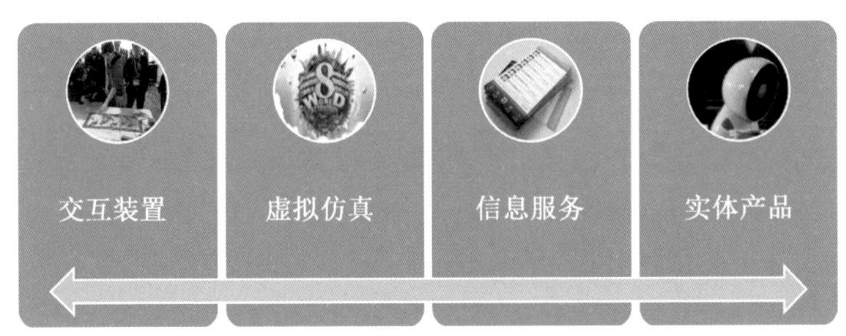

▲ 图 1-5　交互商业设计四大应用领域

(1) 交互装置：交互装置设计是最常见的交互设计类别，是将交互技术与传统装置设计完美结合的全新设计形式，它能给观众带来奇妙的沉浸感和游戏般的乐趣，所以深得大家喜爱。交互装置不仅在纯艺术领域有着广泛的应用空间，在商业设计中，交互装置也被大量地应用于商业广告、会展设计及空间设计等领域。交互装置广告生动有趣，可以全方位地传播产品功能、设计理念、企业文化；在各类博物馆里，采用交互装置展示的展台在整个场馆所占的比重越来越大；交互装置还可以广泛应用于室内外空间设计，比如，香港 430 设计团队为某酒店规划的空间亮化方案，就采用了交互装置设计形式，在暗黑狭长的走廊墙面上，投影了互动鸟笼、互动鱼缸等，住客经过走廊时可以进行游戏互动，投影的光亮也满足了空间亮化的另类设计。

(2) 虚拟仿真：虚拟仿真是交互设计的另一个具有巨大商业价值的应用领域。不仅打造了众多庞大的电子游戏商业帝国，创造了巨额的商业价值。虚拟仿真还可以广泛应用到科学研究与工业生产领域，比如，宏观宇宙核爆、微观病毒攻击的模拟，桥梁抗风阻仿真，航天员驾驶培训，医疗手术预演等众多应用场景，都可以在虚拟场景

▲ 图 1-6 香港 430 团队设计的酒店交互空间

实现真实的模拟仿真，为了区别于电子游戏等娱乐应用，一般我们将应用于工业生产和科学研究方面的虚拟仿真应用归类于严肃游戏（Serious Game）。另外虚拟技术还可运用于演播行业，比如东京奥运会开幕式的虚拟五环，以及电视节目跨时空的虚拟采访等，都展示了虚拟技术广阔的应用前景。

▲ 图 1-7 上海世博会中国馆网上虚拟展馆

(3) 信息服务：这类交互产品应该是普通民众接触最多的交互设计应用之一，主要指信息类网站和 App 等。涉及领域有新闻、影视、电商、订餐、购票等各类信息平台，以及政府、机构、企事业单位等的互联网展示网站。这类应用的主要特性是对信息的挖掘、管理与展示。

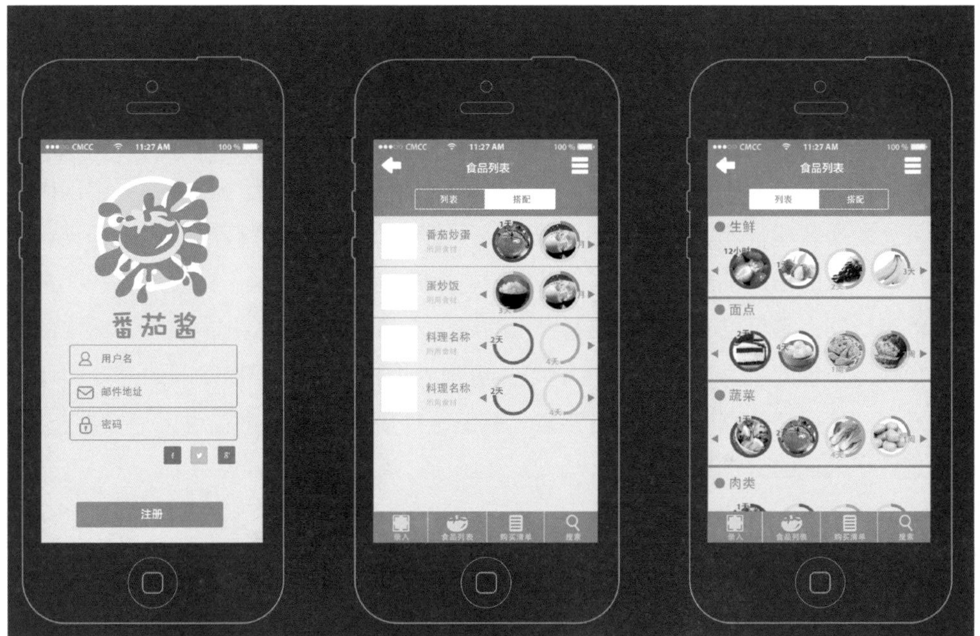

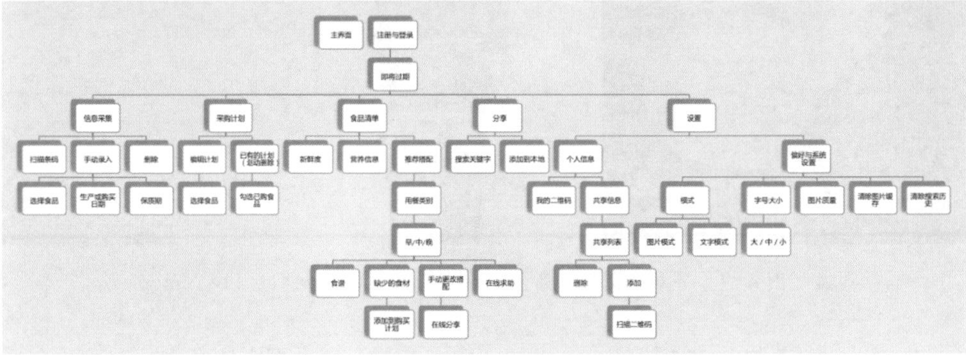

▲ 图 1-8　食品管理 App 页面与信息架构

(4) 实体产品：指具有交互功能的数字实体产品，除了手机等移动终端一如既往地稳步发展外，近些年，实体产品的类别不断拓展，市场需求快速增长，特别是智能家居、智能机器、智能可穿戴、物联网等领域都具有良好的发展前景。先来介绍两件早期的交互实体产品，能量球（Engergy Orb）是最早一批进入市场的交互实体产品，用户可以在平台上定制服务，如婚礼倒计时、股市的涨跌等。通过无线网络，能量球会依据实时接收的定制数据而改变灯光颜色，来提醒时间的迫近或数据的长跌。产品将无感情的数据，变幻成了一款有色彩、有温度的智能文具。同期，某公司出品的一款教育玩具笔 Fly Pentop，是较早期儿童智能交互产品设计中的一个成功范例，这是一款专门为 9～14 岁小朋友设计的可计算、可演奏、可记日程的电子画笔。这些年，智能家居类的实体产品也越来越多地出现在人们的日常生活中。最早引起国内消费者关注的是智能音箱，紧接着各种智能家居产品如雨后春笋般出现在市场上，比如，风靡一时的扫地机器人、家居必备的智能摄像头和智能灯具，以及老人和儿童需要的伴侣机器人等早已不再只是展览会上的概念产品，而以人性化的设计、适中的价格快速成为市场的主力产品。5G 的到来，更强力地推动了基于物联网的交互实体产品的发展，除了智能家居，智能可穿戴、智慧医疗等相关实体产品也迅速发展起来，逐渐走进了人们的日常生活。

▲ 图 1-9 早期的交互产品能量球 Engergy Orb 和儿童 Fly Pentop

在商业设计领域，交互设计充分发挥了自身特点，最大程度地拓展了它们的商业价值，创造了无数新兴行业的成长奇迹，也为许多传统行业注入了无尽的活力。特别是近几年，在商业领域，交互设计显示出了极高的发展潜力，共享经济、电子商务、

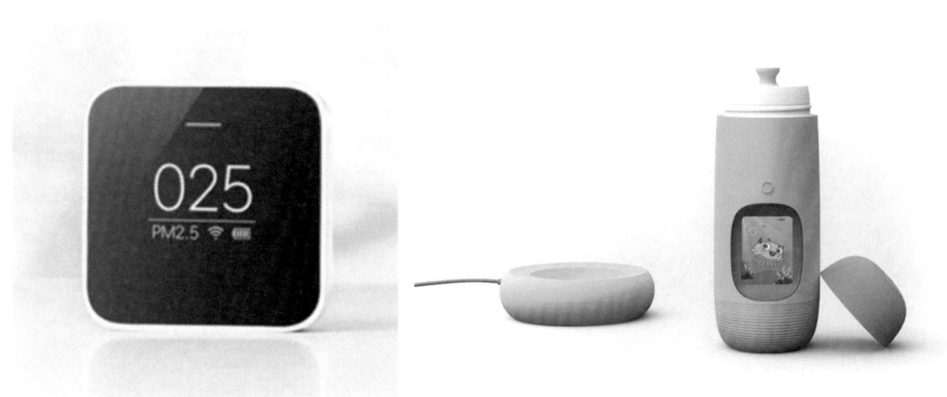

▲ 图 1-10 小米公司 PM2.5 检测仪和 Gululu 儿童水杯

元宇宙等新概念层出不穷。共享单车一夜之间遍及城市乡村，基于移动终端的电子商务飞速发展，短短几年就改变了民众的支付方式和生活习惯，电子导航的灵活，社交网络的无障碍，智能家居的便利，人工智能、虚拟现实的火爆等等，这些交互设计产品的诞生与快速发展已经从根本上改变了整个社会的发展状态，而其未来的发展还将有无限的可能。

▲ 图 1-11 共享单车与电子支付

1.3 交互设计流程

交互设计的应用领域不同，表现形式各异，设计重点也各有侧重。那么对于设计师来讲，该如何着手进行交互设计创作呢？不同类别的交互设计创作流程可以一致吗？

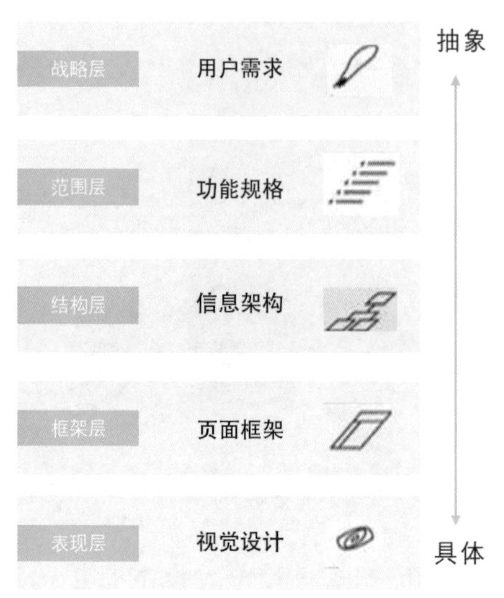

▲图 1-12　Jesse James Garrett 的用户体验五要素

虽然交互设计表现形式多样，但作为交互设计师，除了要一直保持创新精神，培养综合创作能力，还要能透过现象看本质，找到一些共同的创作方法与创作流程，本书我们仍然推荐参照 Jesse James Garrett 提出的非常有效的用户体验五要素来指导交互设计创作流程。Jesse James Garrett 在 2002 年出版了《用户体验的要素》一书，提出了用户体验五个重要的设计流程，虽然已经过去了近二十年，但这五个设计要素却仍然可以有效地指导我们今天的交互产品设计工作。

Jesse James Garrett 提出的用户体验五要素最初是一个可以检验用户对产品体验感的流程。这个流程虽然更侧重在用户体验上，但设计师们慢慢发现这五大要素也非常符合交互设计的基本创作流程，同样可以用来指导交互产品设计实践 。唯一不同的是用户对产品的体验过程是由具体到抽象的过程，而设计师在进行产品设计时则是从抽象到具体的反过程，下面就依据这个顺序，来梳理一下交互设计的整个设计流程。并依次完成 MRD（Maket Requirement Document）市场需求文档、BRD（Business Requirement Document）商业需求文档和 PRD（Product Requirement Document）产品需求文档的编写工作。

1. 战略层

这一层要搞清楚为什么要设计这个交互产品？这也是市场需求文档和商业需求文档的主要内容。

（1）主题选择：对项目的大方向进行概括性分析，可以采用思维导图的方法，对主题进行思维拓展，寻找一个较清晰的预期研究方向与脉络。

（2）市场分析：根据预期研究的选题，对当前市场的基本情况进行调查，可采用现场走访、发放问卷或查阅数据等方法，了解市场产品的现状，有没有其他竞品，对方的优势与缺点等信息。

▲ 图 1-13　思维导图

（3）用户调查：了解产品的服务对象，采用情景调查的方法，掌握这些用户的基本特征，要通过交互作品帮助用户解决什么问题，用户痛点又在哪里，产品最终要达到的目标是什么。

（4）商业价值：厘清产品的商业价值、社会价值，还应该考虑是否会产生一些间接价值等。

（5）风险评估：预测项目可能会产生的风险，提前制定一些预防措施来尽可能避免风险的发生，同时也应针对风险准备好应对策略。

（6）项目实施计划：计划项目整体实施的时间，并做详细的项目推进时间表。

在项目实践中，交互设计项目选题通常可分为指定命题或自主命题。指定命题是指主题已确定，设计师只需要围绕选题展开设计之旅。而实际上，目前大部分交互艺术项目都是自主命题，如果有委托方，委托方通常会给一个设计目标，比如宣传某一个产品或服务，然后由设计师考虑用什么主题对项目进行包装、整合，就像广告设计一样，宣传的主题需要设计师进行考虑，之所以自选主题成为主流，主要还是由于交互设计的表现形式多样，技术与设计方法也日新月异，委托方往往没有一个非常明确而清晰的预想效果，所以很多时候都将主题的选择权交给设计师，只要完成最终的宣传目标就可以了。当然很多时候是在没有委托方的情况下，企业或个人选择有市场价值和社会意义的新项目进行自主创作。众所周知，交互设计是一个非常适合创新、创业的设计领域，很多取得巨大成功的设计形态和商业模式都出自这个设计领域，所以很多创业团队也在苦苦探寻符合市场需求的、有商业前景的主题进行新产品开发，这将是项目成功的重要条件之一。对于自主命题，设计师虽然拥有了更大的创作自由，但同时也要承担巨大风险，因为一旦出现选题偏差，就会导致后面所有工作前功尽弃。而一个好的交互设计项目选题就如同埋藏在地下的富矿，虽然稀少，但却蕴含着巨大的财富。

那么如何进行项目选题呢？经过对目前市场上成功项目的归纳总结，我们发现选题虽然看似天马行空，有人做电子支付、有人做共享经济、有人做社交平台，但成功的选题还是有迹可循的，它们无不围绕社会和民生展开，特别是在某些传统领域，以往的技术没法解决的问题上，交互设计往往会打破藩篱，开辟出一条全新的康庄大道。总结下来，比较成功的交互项目选题主要围绕三条主线展开：社会发展、经济生活和介于两者之间的民生热点。

社会发展方面，技术打破了时间与空间的界限，让世界变成了小社会，世界各地的人民都会非常关心环境保护议题，都会珍惜现在的和平生活，会时刻警惕战争的威胁。同样为了让世界变得更加温暖，全世界的人们也都会更加关注弱势群体保护等话题。以上这些都是人类文明永恒不变的主题。

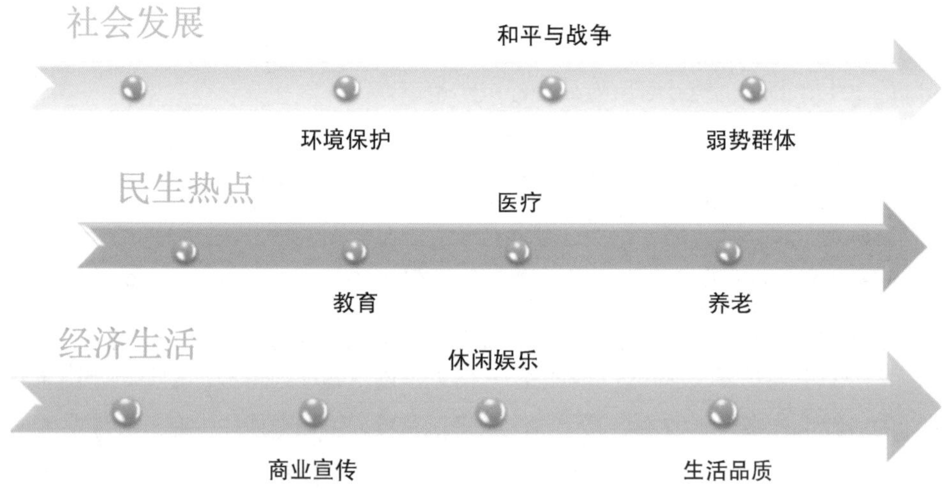

▲ 图 1-14　交互设计项目主题推荐

（1）环境保护：每一次环保事件都能引起社会巨大反响，可见环境保护是社会发展过程中最容易引起大众关注和情感表达的主题之一，也一直是交互设计师的创作首选题材。环保主题信息素材丰富，主旨简单易懂，容易引起参观者的共鸣，特别适合公共艺术展览。新媒体交互装置《入侵》就是此类主题的代表作，装置把人类与自然的进退关系通过互动的形式表现出来，一个投射影像的半球状穹顶把参观者带入一个既虚幻又真实的自然空间，当越来越多的人群走进这片世外桃源并频繁活动时，原本安静祥和的大自然就会被人类所打扰，乃至最终走向毁灭。

（2）和平与战争：和平与战争也是面向全人类的主题，我们国家近几十年都国泰民安，经济发展，人民安康，但当我们把视线看向外面，会发现这个世界很多地方还远离和平。保护和平、拒绝战争是符合全人类的世界观，这一主题的交互作品也很容易引起民众的共鸣。所以现在很多面向年轻人的游戏类交互项目都会选择这一主题，让年轻一代在娱乐中也能得到正向的教育和引导。

（3）弱势群体：维护弱势群体的权益是社会文明的重要体现，也是展现人文关怀的重要渠道。随着经济的快速提升，我国已进入物质较丰富的社会主义阶段，正从二

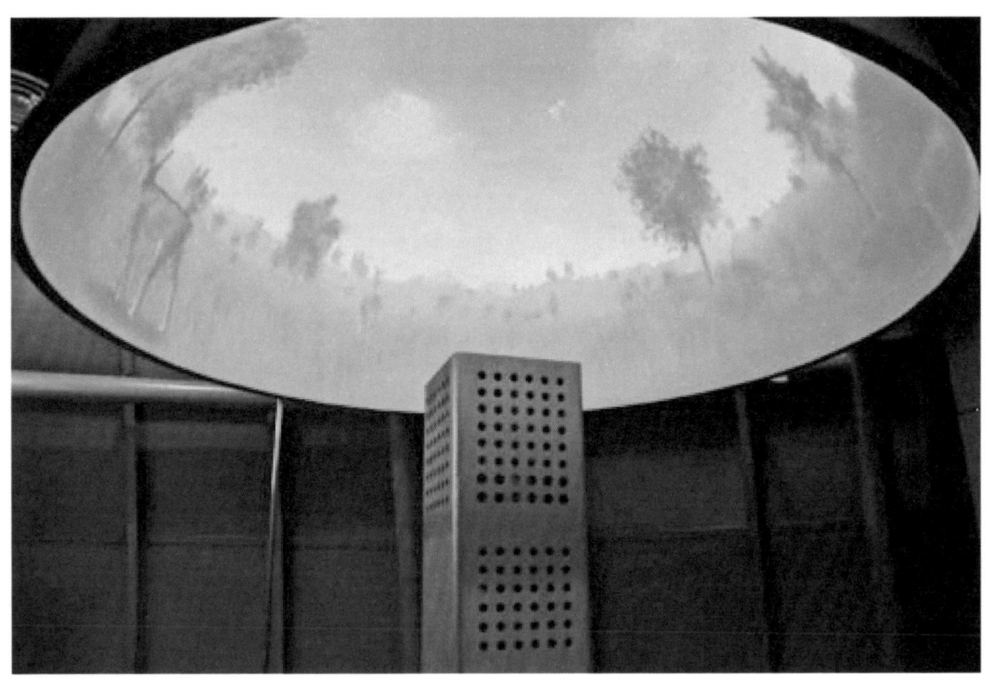

▲ 图 1-15　新媒体交互装置《入侵》

元制城乡分隔向城乡一体化迈进，城市人口快速攀升一方面加快了经济的发展，但同时也出现了不少的社会管理问题，比如城市楼宇里的独居老人问题。中国已快速进入老龄化社会，以往邻里街坊的熟人式管理方法很难适应现在的居住模式，需要我们探索一条更适合当前社会发展的道路来解决这些亟待解决的问题。而交互媒体自助服务的特点正好可以应对这些困境，交互设计师可以尝试运用交互媒体去建立并运行全新的社会化管理机制，提供更人性化的服务，比如为独居老人开通更安全有效的社会化安全管理系统；用交互设计建立一个更公开透明的社区自助慈善系统来为需要帮助的弱势群体解决困难。交互设计不仅可以应用在美术、广告、影像等视觉传播的领域，在社会系统化管理方面也有无限的发展潜力。

在经济生活方面，当我们把视角从人类、民族和社会转回我们每一个社会个体的时候，柴米油盐的经济生活是与每一位居民都密切相关的根本议题，这里所说的经济生活包括商业宣传、休闲娱乐以及生活品质等方面。

（1）商业宣传：商业宣传是经济生活的重要环节，特别是近年数字媒体的广泛应用，让公共传播媒介发生了本质变化，发布成本更低，针对人群更强，发布方式更多样，宣传效应更显著。而其中的交互媒体更以其生动、有趣成为当前重要的商业宣传媒介。现在，用交互设计进行商业宣传的项目越来越多，交互设计师也在不断开发新的技术与表现方法来适应市场的需要。比如图 1-16 所示的城市绿地交互广告项目，

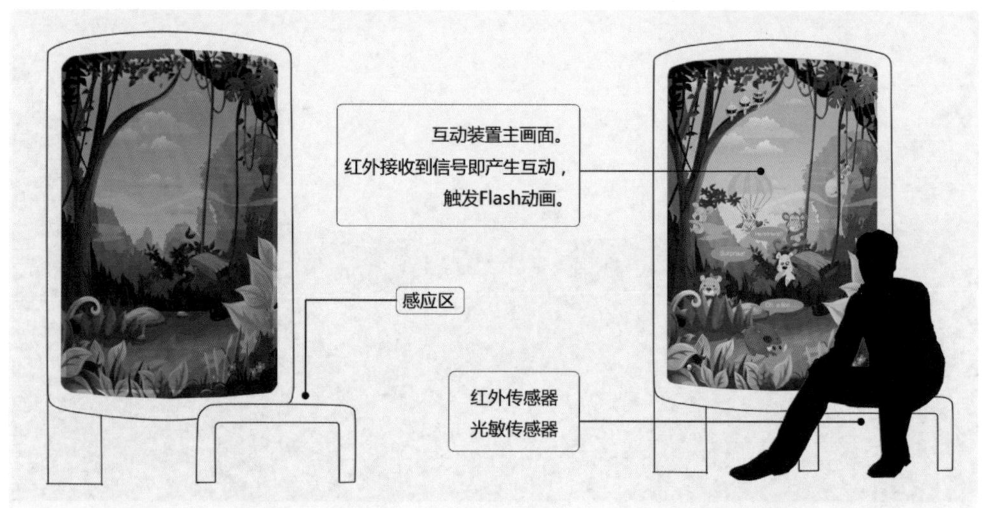

▲ 图 1-16 交互商业广告

一块普通的广告屏在有人坐下来休息时，画面里会出现很多卡通动物来陪你聊天、给你唱歌；当人们离开后，屏幕自动恢复成广告内容。这些城市公共空间的互动广告越来越多地得到民众及广告主的喜爱，成为城市一道可爱的风景。

(2) 休闲娱乐：随着国民生产总值的不断提升，休闲娱乐在人民生活中的比重越来越高，随着数字影视、电子游戏等产业的飞速发展，VR、AI 等新技术日新月异，各方对交互媒体的需求与日俱增，各种全新的商业应用和产业空间也在不断发展壮大。

(3) 生活品质：除了宣传和娱乐等用途而外，交互设计更为广大民众的生活品质带来巨大的变革。智能家居、智能健康设备等已慢慢进入寻常百姓家。智能摄像头、智能体重秤、智能手环等产品已经成为华为、小米等企业发展的又一重要力量。而随着 5G 的迫近，基于移动终端的智能家居类物联网产品更会有一个井喷式的发展。交互智能产品几乎没有原型可供参考，唯一的共同特点就是创新，创新的交互产品在给民众带来高品质生活的同时，也为交互设计应用领域开辟出更广阔的发展空间。

▲ 图 1-17　VR 电影

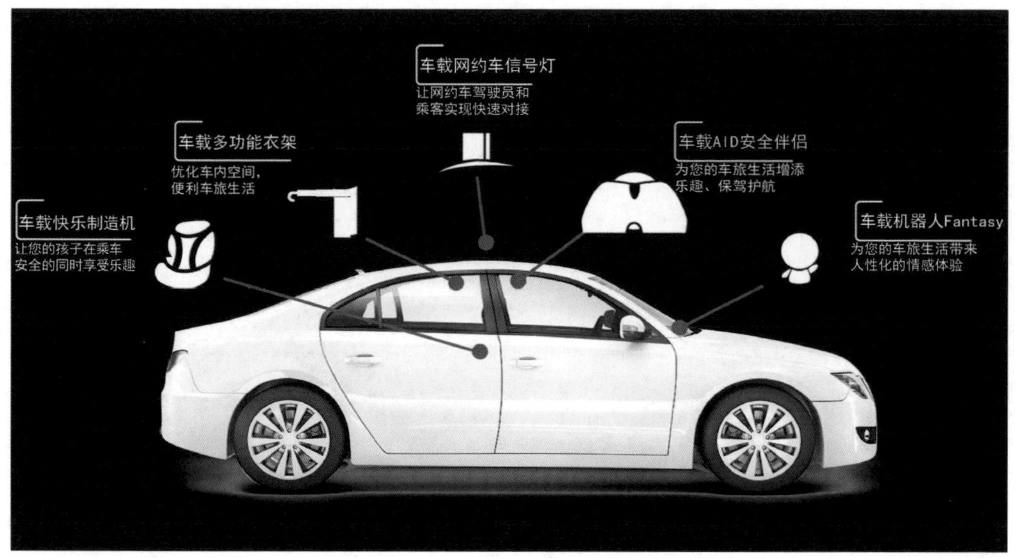
车载网约车信号灯
让网约车驾驶员和
乘客实现快速对接
车载多功能衣架
优化车内空间，
便利车旅生活
车载AID安全伴侣
为您的车旅生活增添
乐趣、保驾护航
车载快乐制造机
让您的孩子在乘车
安全的同时享受乐趣
车载机器人Fantasy
为您的车旅生活带来
人性化的情感体验

▲ 图 1-18 车旅生活交互作品设计

当然，除了社会发展与经济生活外，在选择交互项目主题时也应该把重点放在更紧迫、更受关注的民生热点问题上面，教育、医疗和养老等主题一直是民众最关心的热点话题。这三大热点无论对于个人、社会还是国家，都是至关重要的，它们和个人的幸福感、安全感和获得感息息相关，更关系到整个社会的安定团结。

（1）教育：十年树木百年树人，中国一直是一个崇尚教育的国家，在教育投入上毫不吝啬，所以居民的教育需求一直非常大。随着信息化技术的飞速发展，这几年教育方式也发生了根本的转变，通过网络学习的占比越来越高，形式多样的在线教学交互软件平台也应运而生，通过网络学习平台，进行自主学习不仅给每个公民提供了更公平丰富的学习途径，更为未来教育的变革提供了渠道和路径。

（2）医疗：和教育一样，近几年，基于交互技术的医疗相关服务产业迅速崛起，如网上问诊、在线挂号甚至远程手术等如雨后春笋般快速发展起来，促进了全民医疗水平提升与资源平等共享。另外，各种交互家用医疗产品，如智能血压计、体重秤，数字体液快速检测仪及与它们配套的 App 也不断面世，逐渐向全套家居自助医疗检测与健康管理系统迈进，这也成为近年医疗市场主要的发展方向之一。交互技术在医疗领域的完美介入，改善了居民不良的生活习惯，提升了居民健康管理意识，减轻了社会医疗压力，让更多人享受到优质的医疗资源。所以说交互医疗这个选题不仅有很高的商业价值，也有很好的社会意义。

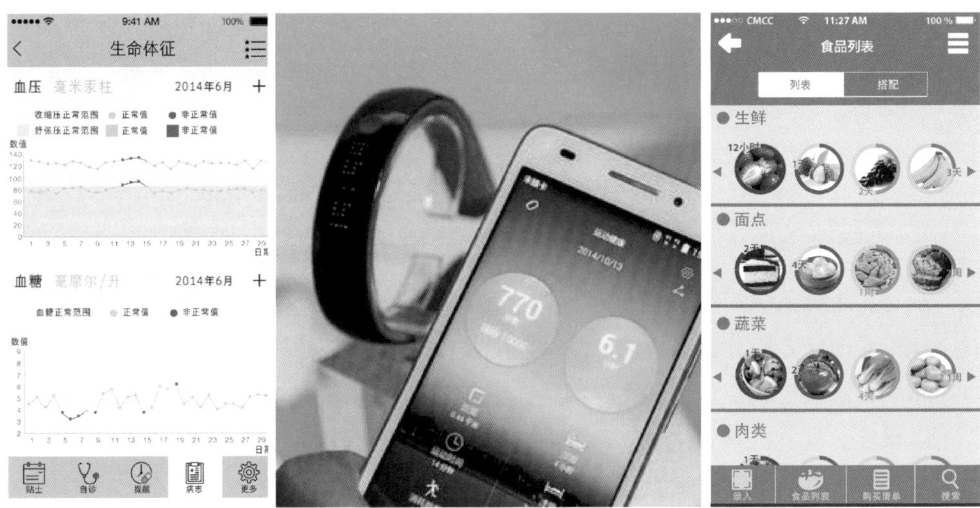

▲　图 1-19　自助医疗、运动健康及食品安全交互项目

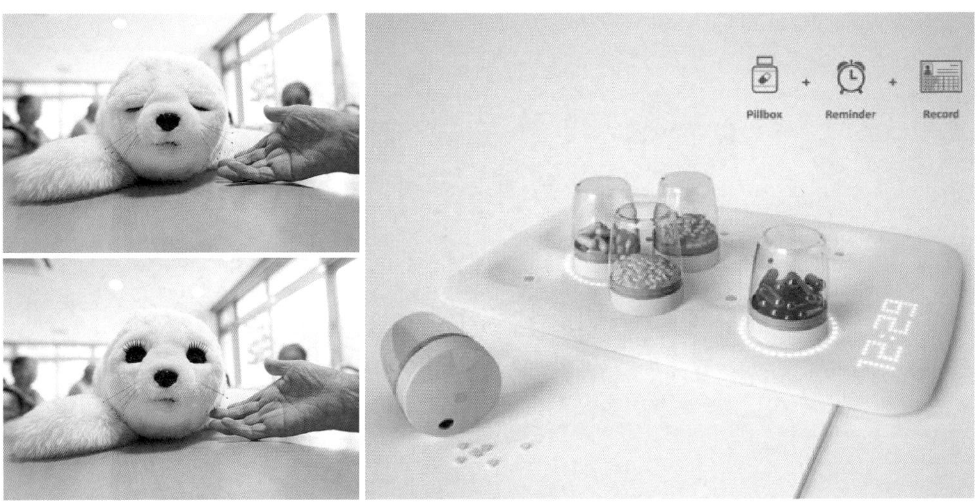

▲　图 1-20　老龄化交互产品设计

（3）养老：全世界都敲响了人口老龄化的警钟，中国作为一个人口大国所要面临的困境甚至更严重。要解决老龄化问题是需要全民动员的，国家、政府、民间特别是居民自己都要去想方设法寻找更适合的方法，以缓解老龄化带来的一系列社会问题。目前，传统的设计方法与社会管理手段在面对如此庞大的人口基数时都有些力不从

心，而交互设计的优势则可以在传统解决手段乏力的情况下，借助新技术来帮助老人进行更好的自我管理、精神抚慰、互帮互助，也可为政府和社会提供更高效的管理、监护等解决方案。可见这个交互设计选题对于国家、民族和个人都具有重要的意义。

2. 范围层

战略层主要研究产品的设计目标，而范围层则是要将设计目标落地，让它具体化，也就是研究要设计什么样的产品，要把哪些主要功能放到产品里。

市场需求文档和商业需求文档都是战略层要完成的任务，在范围层中则要确定项目的主目标，并进行精细化分析，对主要功能进行反复推敲筛选，最终把产品需求明确罗列出来，完成产品需求文档的编写。

（1）需求分析：对产品的核心概念设计进行详细描述，可以用概念示意图来进行表述。如图 1-21 所示。

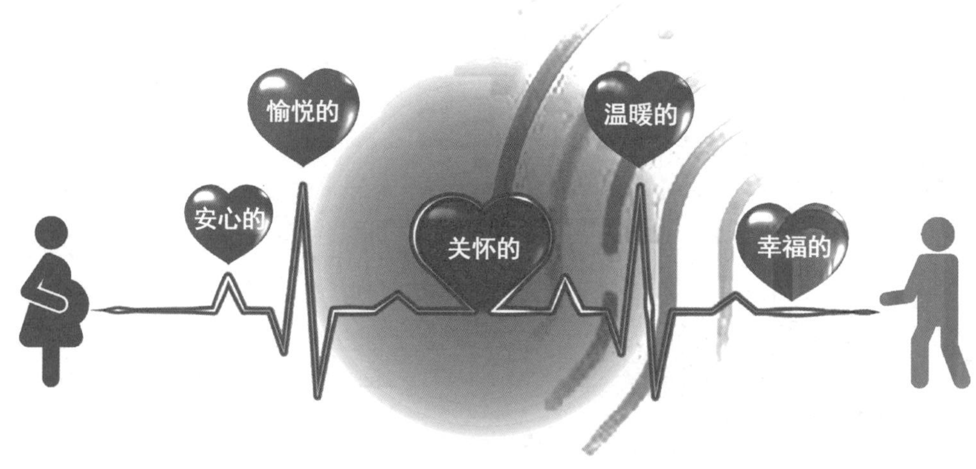
愉悦的
温暖的
安心的
关怀的
幸福的
你每一次的触摸，都是我一次心的力量
当你孤单忧郁，需要我时，即使我不在你身旁，只要你看看它，就会知道我无时无刻都伴你左右。
当你担忧思念，需要我时，即使我不在你身旁，只要你触摸它，就会知道我因你而安心，温暖而愉悦。

▲ 图 1-21 《智能孕期手环》交互产品的需求分析

姓名：×××　　年龄：35岁
家庭状况：第一胎，老公工作忙碌
性格：容易想多，情绪敏感
职业：家庭主妇
行为习惯：平常大多是一个人相处，周末老公才会陪伴左右。
痛点：因为老公需要赚钱，工作忙碌，无法时常陪伴在身边，一个人怀着孕容易孤单寂寞，缺乏安全感，身体不适时，老公又没有办法随时都了解到自己的低落情绪，久而久之心理就不健康了。
用户目标：(1) 当情绪低落时，老公能及时发现，并安抚给予关怀和安全感；
(2) 了解到老公平时的状况，彼此交流互动。

姓名：×××　　年龄：39岁
家庭状况：老婆怀孕6个月（二胎）
性格：爱家，工作狂，理性冷静
职业：主管级
行为习惯：平时工作忙碌，大多时间都在工作，老婆传信息来时，都过很久才看到。
痛点：因为工作忙碌，无法及时关注到老婆情绪状况，但也知道老婆怀孕辛苦，需要被关心，所以时常觉得很无奈、愧疚。
用户目标：当老婆情绪低落时，能及时察觉(或在任何时间)，安抚给予关怀和安全感，彼此关心缓解对方压力或负面情绪。

▲ 图 1-22　《智能孕期手环》交互产品的用户角色模型

（2）用户分析：对受众人群特点进行科学的分析是进行交互界面设计的基础，只有了解用户是什么样的人、成长经历、文化背景、行为模式、真实的内心需求等相关信息，才能设计出符合受众生理与心理需求的交互产品。比如作品主体受众是儿童，那么在进行设计时就要考虑孩子的身高体重等指标，以满足交互界面设计时的物理台面高度、形态以及交互的逻辑方式，以适应不同年龄段儿童的使用需求。

（3）商业模型：需要对产品的商业模式进行描述，产品如何盈利的，商业运作模式如何。

（4）功能列表：把项目目标用功能列表的方式罗列出来，列出产品主体功能关系，并对功能结构里每个重要的功能模块进行解读说明，可以用实例，也可用图表等可视化形式，如图 1-23 所示。

（5）其他需求：除了产品的主体功能说明外，在这一层里还应该对产品设计的其他需求进行约束描绘，如整个作品的美术风格、像素精度等性能需求都可以在这里补充。

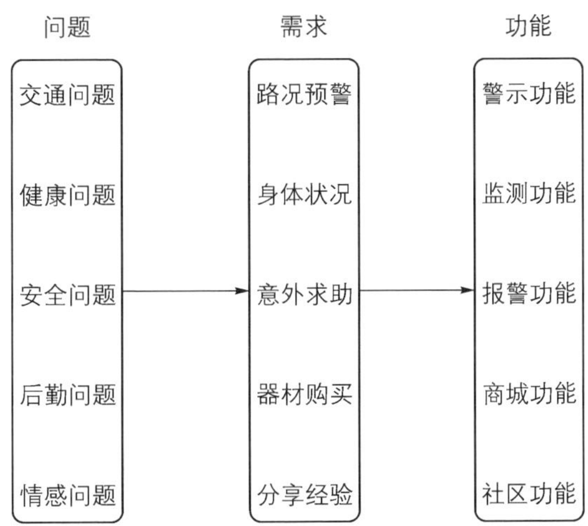

▲ 图 1-23　交互产品《智能头盔》的功能列表

3. 结构层

结构层位于用户体验五要素的正中间，是从抽象到具体的中间衔接点。在结构层中将继续完善产品需求文档，把范围层中抽象的功能需求细化成信息架构的搭建和交互功能的规划。技术方案的可行性测试也是需要在结构层完成的工作之一。

(1) 信息架构：信息架构是从数据库设计引申来的，最早是创建数据库时建立一些信息字段，如创建个人信息表时，就要建立多个相关的字段，姓名、性别、年龄、职业等。后来被两位信息管理专家推广到更广阔的设计结构、组织管理和归类方法层面，便于用户可以快速地查找到他们想要的信息。在交互设计中，信息架构主要是研究如何对项目里所使用的信息进行整理、归类、流转等，可以让交互产品的使用者更快速地在交互产品中理解信息的管理方法，并迅速查找到自己想要的信息。对于不同类型的交互设计产品，其信息架构的表现形式也会因为产品的特点和性质而有所不同。图 1-24 是一个为野外骑行爱好者设计的交互产品《智能头盔》的信息架构。对于交互设计实体产品来讲，科学、合理的信息架构设计会极大提升产品的用户体验。图 1-25 是典型的信息类交互产品《家庭医生》App 的信息架构，可以看到这类交互产品的信息架构一般都是非常清晰的树形结构。

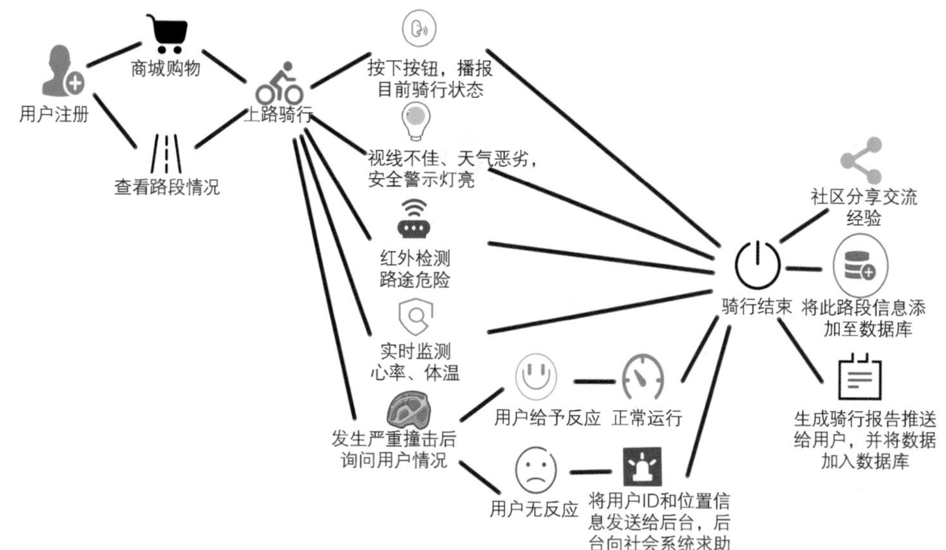

▲ 图 1-24　交互产品《智能头盔》的信息架构

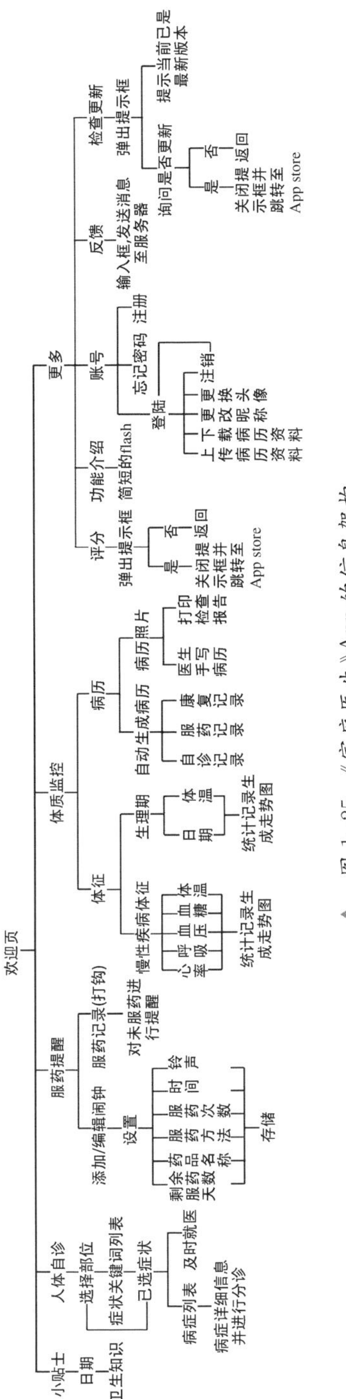

▲ 图 1-25 《家庭医生》App 的信息架构

（2）交互设计：根据用户端的结构进行页面交互设计，可用低保真的原型图来绘制每个功能页面的基本功能分布，并对交互设计图直接标注，以帮助工程师更好地完成项目制作。

（3）可行性测试：交互设计是技术与艺术结合的产物，一个好的想法如果没有可行性的技术支持的话也等于纸上谈兵。在项目规划阶段就要做好技术方案的测试工作，有些需要做测试小样出来，以保证所选的解决方案具有绝对的可行性，并且要注意成本和效率问题。交互设计项目中的技术问题主要体现在软件和硬件两个方面，软件包括系统架构、算法编程等问题；硬件方面则包含与计算机通信的机电一体化的控制方案等。对于一些较复杂的项目，为了保证项目后期顺利完成，前期的技术测试是必须要提前完成的。

4. 框架层

框架层让交互设计从抽象完全走向具体，根据上面已经完成的产品需求文档 PRD 来细化落实项目的每一个细节，对逻辑可视化界面要进行精细化设计，对交互物理界面则要完成全部的硬件功能设计。

细化信息内容与交互方式，按照结构层里已完成的信息架构与交互设计，进一步对其进行终极细化，例如设计捐助页面，捐助金额单位设置成 10 元、50 元，还是 100 元为佳？捐助对象按什么方式分类更合理？甚至表单选择是下拉菜单还是列表方式更符合用户使用习惯等问题，都要经过设计师的深入调研、无数次的用户体验后，才能给出最符合设计需求的解决方案。

5. 表现层

在表现层里，需要完成项目的所有视觉相关设计，如项目的美术风格、配色方案、图形设计等，属于 UI 设计师的工作范畴，在框架层的基础上完成作品的高保真页面设计。如图 1-26 所示。

设计师在进行表现层设计时，需要满足以下两个设计要点。

（1）风格统一：在组织设计元素时，较容易出现的问题是所有的元素缺乏统一的标准，比如页面风格不统一，元素的尺寸、色调甚至精度都不一致的问题，这些表现因素虽然是设计的最后环节，但也是最凸显的环节，是项目品质最直观的表现。

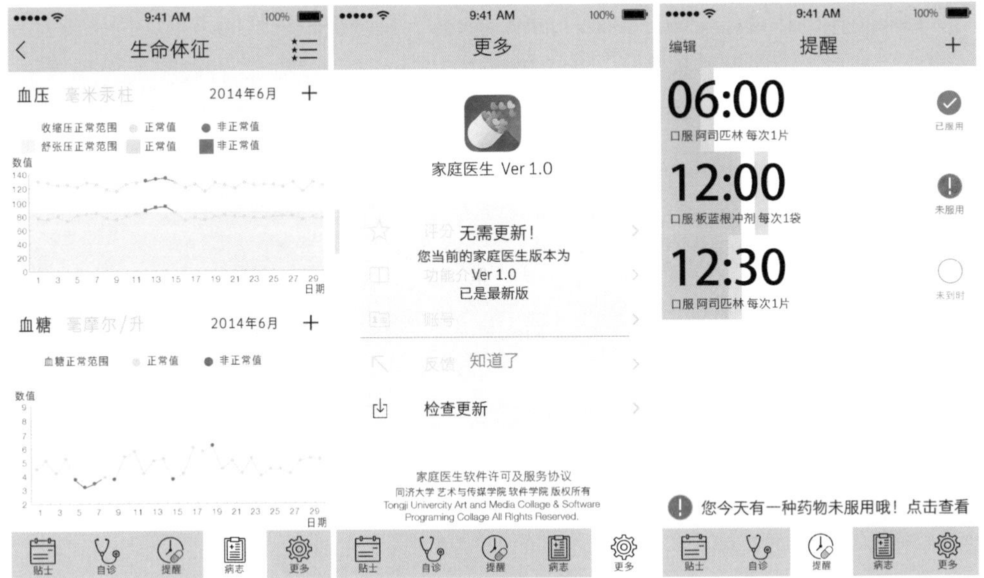

▲　图 1-26　《家庭医生》App 的表现层

(2) 人性化设计：所有交互界面设计都应满足人性化的需求，比如图 1-27 某科技馆的一个观影空间，高起的椅背，音响的设计，营造出一个私密又可交流、不互相干扰的休息与观影的空间环境。

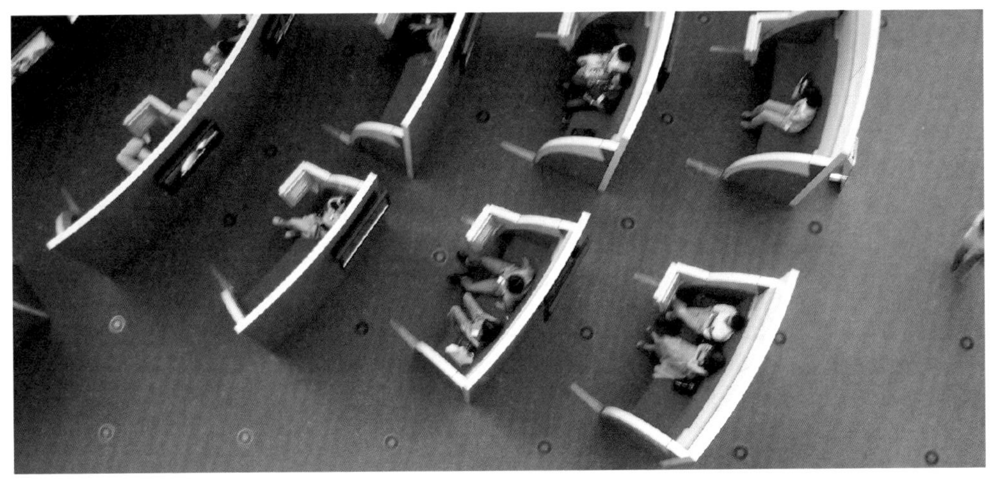

▲　图 1-27　人性化的交互设计

Jesse提出的用户体验的五要素从抽象到具体，符合逻辑思维的习惯，用于交互设计项目流程指导可以很好地让设计师把控交互设计的全过程，具有极强的可操作性。当然交互项目种类繁多，每个项目的开发环境、开发人员组成都不尽相同，在具体设计时，应该根据实际情况适当进行调整，高质量、高效率地完成交互项目的设计工作。

第 2 章　交互界面设计基础

2.1　交互界面设计概念

交互界面，指可供人机交流的平台，也可以理解为搭建一种语言环境，让人或自然界与计算机等智能设备对话成为可能。所以交互界面设计主要是运用人性化的逻辑思维组织信息系统环境，为使用者创造一个有效且有趣的与智能设备交流的方式。交互界面设计是实现作品交互性的具体手段，也是交互项目设计的核心内容。

一般交互界面设计可分为两个部分，一部分是为信息组织一个清晰的逻辑关系，这部分工作往往是在计算机中完成的，可称为“逻辑界面”设计；而另一部分是设计一套灵活又有趣的物理交流方法，比如人们可以通过肢体的运动来控制视频的播放等，实现这一功能一般需要采用机电技术，可称之为“物理界面”设计。

▲　图 2-1　人机互动的新媒体艺术作品

[逻辑界面] + [物理界面] = 交互界面设计

▲ 图 2-2 交互界面设计

很大一部分交互作品是既包含逻辑界面也包含物理界面的项目，比如一些交互装置作品，如图 2-3 中参观者用脚去踩地上的控制按钮来发出指令给计算机属于物理界面的设计工作，而中间屏幕显示出的影像内容则是通过逻辑界面完成的，这是典型的由逻辑界面与物理界面共同完成的交互项目。这类作品的一般设计流程是先进行逻辑交互界面创作，完成人机交互功能设计，然后再配合踏板的物理界面，实现物理交互界面设计，最终完成整个交互项目的设计。

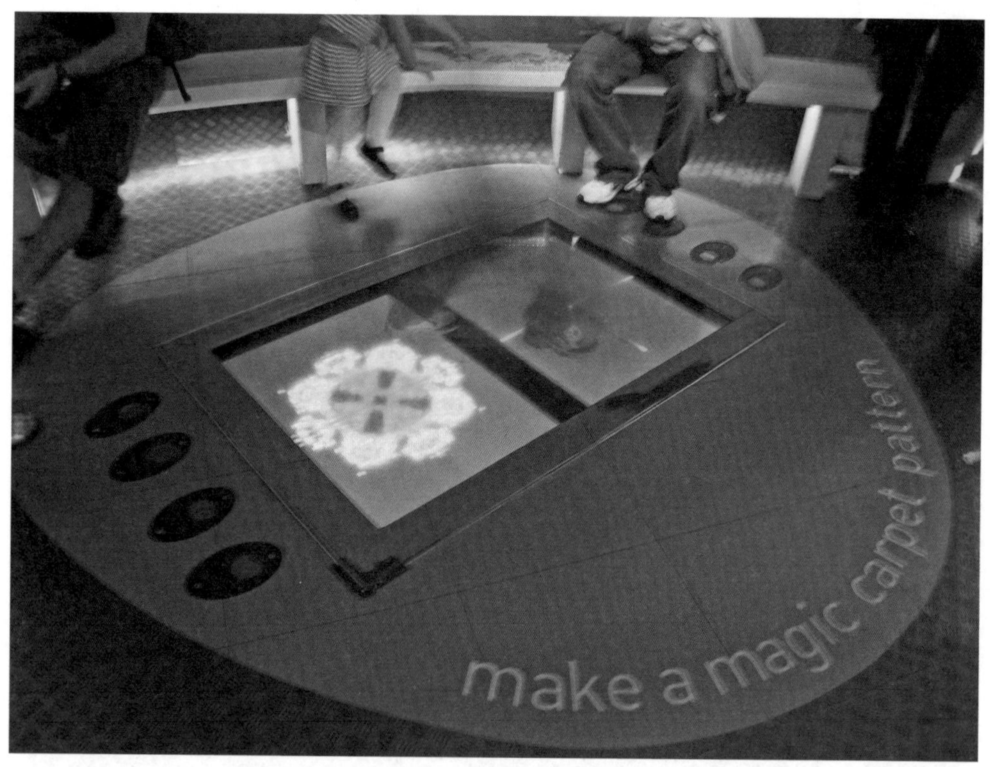

▲ 图 2-3 交互艺术作品

当然并不是所有交互艺术作品都由逻辑界面和物理界面共同组成。如图 2-4 所示，同样是拳击游戏，左图的交互产品是运行于电脑或个人移动终端的电子游戏，使用者可以通过键盘、鼠标、触摸屏等实现人机对话，这类交互设计就只需要进行逻辑界面的创作，而不需要设计物理界面；右图则是一个真人拳击游戏，玩家用肢体语言向系统发出指令，系统用声光电给予回应，不用电子屏幕，这类作品只需要物理界面的创作即可完成整体交互设计工作。从这两个典型交互作品可以看出，逻辑界面信息丰富多彩，可以为受众带来一个全新的奇妙世界；物理界面则让用户用自己习惯的方式与虚拟世界对话，给用户更好的沉浸感和更丰富的用户体验。

▲　图 2-4　交互逻辑界面与物理界面

2.2　交互界面设计特点

1. 人性化的设计理念

人性化设计理念是交互界面设计的基础，设计师们最开始进行新媒体艺术创作也是源于人性化设计的需求。人们不再满足于枯燥而烦琐的初级信息，希望看到更赏心悦目、更简单易懂的系统应用，于是基于新媒体的艺术形式慢慢发展起来，为人们提供了一个个更自然的信息获取环境、更简单有趣的知识学习环境、更有卖点的商业宣传环境以及更有创意的互动艺术展示环境等。因此，我们在展览馆中可以使用简单便捷的信息导游系统、在科技馆中可以体验虚拟太空旅行、在商场里可以在穿衣魔镜里为自己试穿所有当季服装，还可以让小朋友在儿童医院的走廊里探寻绿野仙踪。这些交互艺术所创造出来的新景象都是为了给人们提供更简单舒适和生动有趣的生活服务，在这些种类繁多的新媒体作品中，我们充分体验到了人性化设计的光辉。科技的

▲ 图 2-5 交互产品 Nabaztag 兔

飞速发展，计算机已成为我们生活的必需品，但伴随着计算机成长起来的人们，希望科技不再仅仅是冷冰冰的万能机器，不只是键盘、鼠标或方方正正的显示器，而更希望科技能真正融入人们的日常生活，丰富我们的生活体验。

交互界面设计正是为了满足人性化的需求而发展起来的，借助电子传感等技术，让使用者与计算机接触的界面变得更加自然、亲近与直接，以往需要以键盘或鼠标为沟通工具的信息交流模式被更加人性化的交互界面取而代之，如用人们日常习惯的翻书动作取代鼠标点击方式来控制虚拟交互作品的翻页功能，已是司空见惯的人机交互设计模式，如图 2-6 所示。

2. 开放的艺术体验

数字化技术的引入，使得我们在进行交互艺术创作时可以更方便地综合运用多种艺术形式。与很多传统艺术形式如绘画、雕塑等一旦定稿就封存不变的性质不同，交互艺术拥有更多的开放属性。通过给作品添加时空、人物等多个全新维度，现场观众也可以成为作品内容的一部分。作品的样貌甚至会根据时间的流转、环境温度或湿度等物理因素的细微变化而实时发生改变。正是这种增加了多种维度的交互作品呈现出的随机性与不确定性，给观众带来了丰富的艺术体验，也让交互设计充满了迷人的魅力。如图 2-7 所示的交互舞台艺术作品，舞台周围的影像会随着演员的肢体动作而实时地发生变化，因为增加了表演者的维度，作品完全开放了，演员的表演和由这些表演衍生出的动态交互影像互相依存，共同构建了这件舞台交互艺术作品。

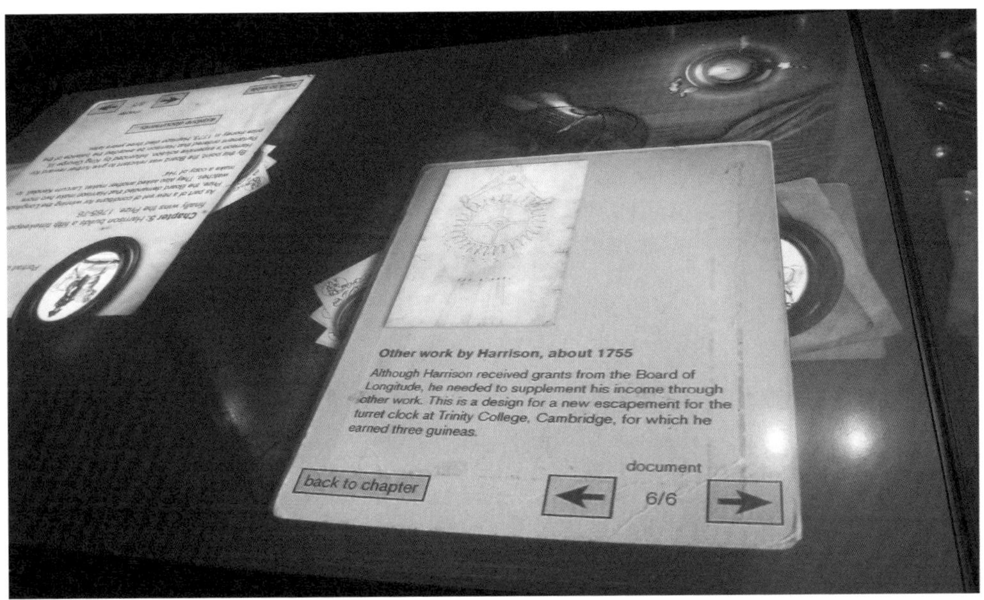

▲ 图 2-6　用手势控制的交互作品

▲ 图 2-7　交互舞台艺术作品

3. 游戏性带来更多参与乐趣

交互性是交互界面设计的基本要素，借助数字化技术，对作品进行重新的解构、分割、组合，创造出一种全新的感官体验。爱玩游戏是人类的天性，是生命喜悦的存在状态，如果可以把这种交互性通过游戏的方式展现出来，那么这件交互作品会得到更多受众的喜爱。

《城市迷宫》是通过城市影像的有机组合，表现现代人行走在繁华都市的迷惘、彷徨的心情，如图 2-8 所示。作品借助电子传感装置，观赏者可以通过脚下的踏板，选择不同方向，在城市中行进，以此来控制作品中街景的播放顺序，参观者在欣赏同一件作品时，因为选择不同的路而经历了截然不同的心灵体验。

某科技馆生命科学展区的《生命的起源》交互项目前，总是围绕着众多的参观者，这是一个人类生命起源的科普作品，可以同时让多个参观者加入其中，一起玩抢夺精子的游戏，在游戏过程中，参观者对生命起源有了更清晰的理解和认知，趣味性的游戏设计也让这场科学探秘之旅变得生动有趣，如图 2-9 所示。

▲ 图 2-8 交互艺术作品《城市迷宫》

▲　图 2-9　交互科普作品《生命的起源》

2.3　交互界面设计原则

交互设计种类繁杂，依据不同的设计形式选择最适合的设计方法才能事半功倍。虽然设计形式多样，但我们仍然可以找出一些具有普遍意义的设计原则来约束所有的交互设计项目，以保证交互设计的独特魅力。

1. 功能结构清晰

功能至上是交互设计的基本要求，无论界面多么漂亮，都应是建立在功能完善的基础之上的。试想一个提供信息查询的交互作品如果连基本的查询功能都很难使用，那再好的美术设计也是没有意义的。

进行功能设计时特别要注意结构的清晰性，功能结构清楚会给使用者带来应用的便利，反之一个结构混乱、思路不清的界面设计很容易给人带来困扰，从而影响功能的使用效率。

要保证结构清晰必须注意以下两点：

（1）主目录要具有唯一性，所有内容均可以找到唯一的位置；

（2）层级尽量不要超过三层，条目分列明确合理，便于快速进行信息查找。

2. 符合人性化设计规范

在进行交互界面设计时，符合人性化的设计规范一直是交互设计最基本也是最核心的设计原则。依据人因工程学的各项标准，设计符合使用者的生理结构、满足使用者的心理与行为习惯的作品，为使用者带来更方便、更舒适的用户体验。

3. 加强界面的多媒体艺术表现

界面设计要突出多媒体的特性，充分发挥多媒体的优势。围绕设计主题，运用图片、文字、声音、影像甚至动画等各种多媒体元素的有机组合，给作品带来更多元的艺术表现，增加界面的活力，吸引用户的关注。

4. 既依靠技术又弱化技术

交互设计的发展在很大程度上是依靠技术带动起来的，甚至可以说没有数字技术支持就没有现代交互媒体的大发展。但另一方面，伴随着数字技术成长起来的消费者则希望在享受高科技带来便利的同时，这些交互产品也能像普通家居用品一样与生活完美贴合，让生活重新回归本原状态。这就要求我们在设计交互产品的时候用自然的界面取代数字产品冰冷、生硬的样貌，让用户在享受科技带来的便捷与舒适的同时，又不被技术的表象所打扰，这是交互界面设计追求的至高境界。

第二部分 设计理论

逻辑界面设计基础

物理界面设计基础

第 3 章　逻辑界面设计基础

3.1　概念及应用领域

逻辑界面设计是交互界面设计的重要组成部分，主要是指那些运行于计算机、手机等终端设备的交互作品的界面设计。逻辑界面设计包括项目的功能规划、信息架构、交互逻辑搭建、视觉美术设计、高保真界面设计等，实现人机在计算机固有平台上的基本对话功能。

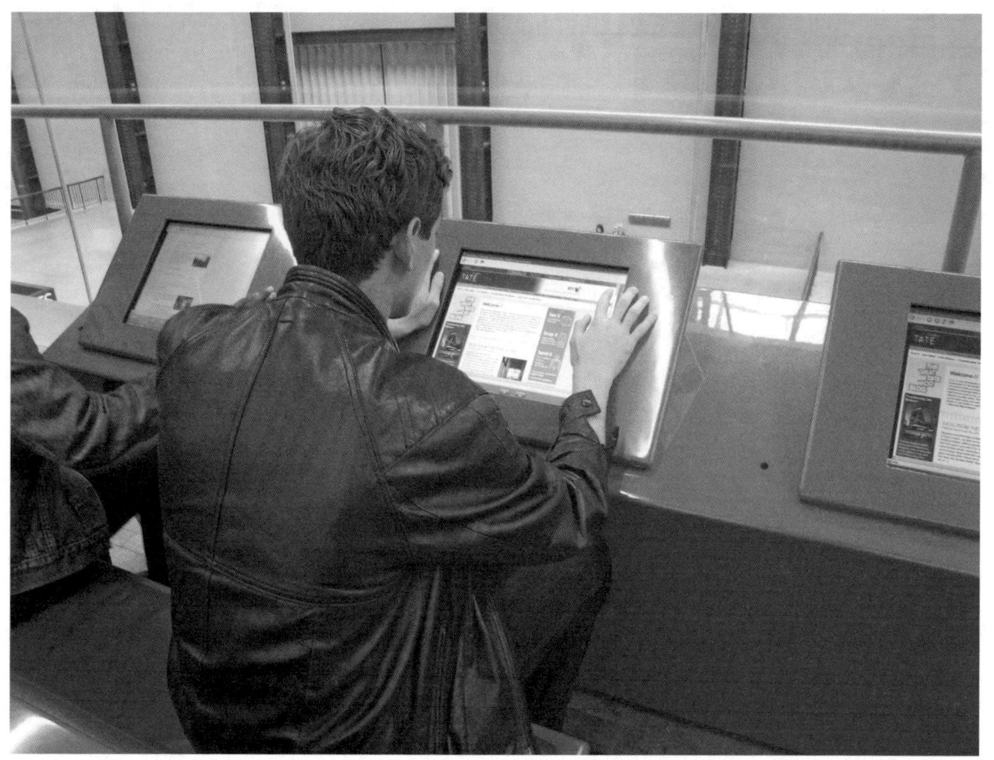

▲　图 3-1　博物馆中信息查询平台

交互设计作品的种类繁多，表现形式千差万别，大部分交互设计项目都需要逻辑界面来实现人机交互功能，比如电子游戏、网站设计或各类基于移动终端的 App 等。这些交互设计项目很多都是在电脑或移动终端上运行的，是纯逻辑界面开发的交互产品，用户主要是运用鼠标、键盘、触摸屏等计算机标准外设实现人机交互。目前市场上那些只用逻辑界面开发出来的作品是市场上交互设计项目的主体，所占市场份额最大，是交互设计中最具商业价值的应用领域之一。

3.2 开发工具选择

可用于逻辑界面设计的开发工具有很多，既有高级编程语言，也有基于节点式的视觉化编程语言，还有以图形界面为主的高级游戏引擎等。创作者在选择开发工具时，一方面可根据设计师自身的知识储备，选择自己熟悉的平台，便于快速上手；另一方面也要依据软件的不同特点，根据项目的实际情况，择优用之。以下介绍几款较常用的逻辑界面开发工具。

1. 高级编程语言——Processing

作为计算机高级交互编程语言，Processing 由 MIT（美国麻省理工学院）媒体实验室研发，是一款开源编程语言，专门为新媒体设计师和艺术家进行交互界面创作开发的图形设计语言，目前在新媒体艺术创作领域应用非常广泛。

Processing 与 JAVA 非常相似，都是面向对象的编程语言，简单易懂，兼容性高，特别适合那些没有什么资深编程背景的交互媒体艺术家和设计师快速搭建自己的逻辑界面。

对于艺术类学生，计算机编程语言一直是交互设计学习的主要难点之一，克服这一学习障碍，是学好交互设计的必经之路。编程语言的学习有方法也有技巧，选择适合设计师学习的编程语言可以起到事半功倍的效果。Processing 就是专门为各类设计人员开发的编程语言，即使没有编程基础的设计师也可以快速、方便地掌握对影像、动画、声音等媒体元素的程序控制。本书后面章节里一些创作实例就采用了 Processing 来完成交互逻辑界面设计。对于艺术类学生，在学习初期可以采用“组装学习法”，就是平时多收集不同功用的源代码，通过认真读解，将其拼贴改造成自己项目的程序代码，这种学习初期的“拿来主义”可以帮助设计师们快速实现设计功能，提升学习的成就感。通过举一反三的训练，快速突破编程瓶颈，尽情地在新媒体艺术天地里自由翱翔。

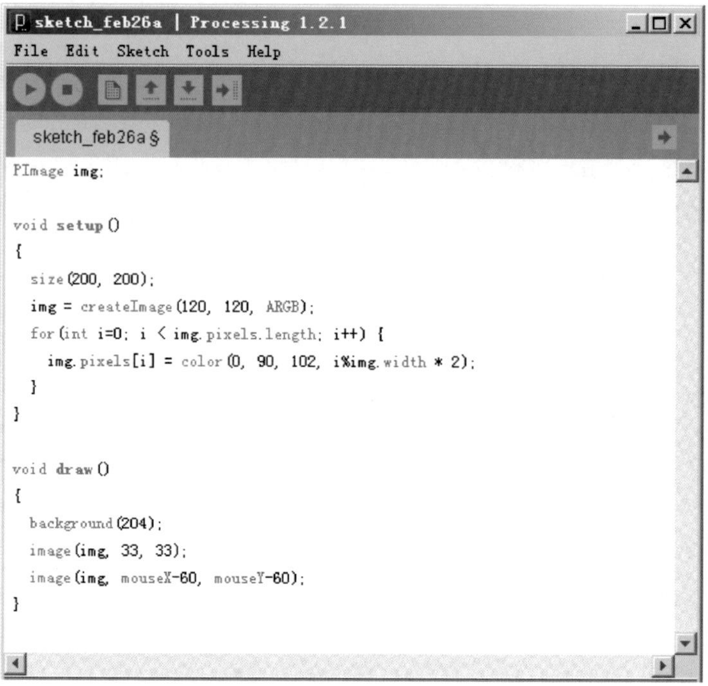

sketch_feb26a | Processing 1.2.1

File Edit Sketch Tools Help

sketch_feb26a §

```
PImage img;

void setup()
{
  size(200, 200);
  img = createImage(120, 120, ARGB);
  for(int i=0; i < img.pixels.length; i++) {
    img.pixels[i] = color(0, 90, 102, i%img.width * 2);
  }
}

void draw()
{
  background(204);
  image(img, 33, 33);
  image(img, mouseX-60, mouseY-60);
}
```

▲ 图 3-2 交互逻辑界面设计软件 Processing

2. 节点式的可视化编程——TouchDesigner

TouchDesginer 是由加拿大 Deriviative 公司开发的一款商业多媒体特效交互软件，以下简称 TD，它可以创建丰富有趣的实时交互艺术项目，可以和大多数交互硬件进行无缝连接，它的实时渲染和信息可视化是生成视觉艺术的重要开发平台，可为用户带来多样的用户体验。

不同于纯代码编程方法，TD 的工作方式是节点式的，直观易学的图形界面软件环境，让逻辑界面设计变得简单。在大多数情况下，使用者可以直接调用现成的各类元件模块，不需要自己编写代码，便可以实时地模拟艺术作品。目前 TD 被广泛应用于交互展示、立体投影、互动装置、VR 等多种交互应用领域。

对于从事艺术创作的新媒体艺术家和交互设计师来讲，TD 是一个特别容易掌握的计算机可视化控制平台，这个平台具有极高的兼容性，可以将项目所需要的软硬件快速整合起来，比如 Kinect、Leapmtion、Midi 等不同硬件与逻辑界面实现快捷连通，培养全面的交互艺术创作实践能力。

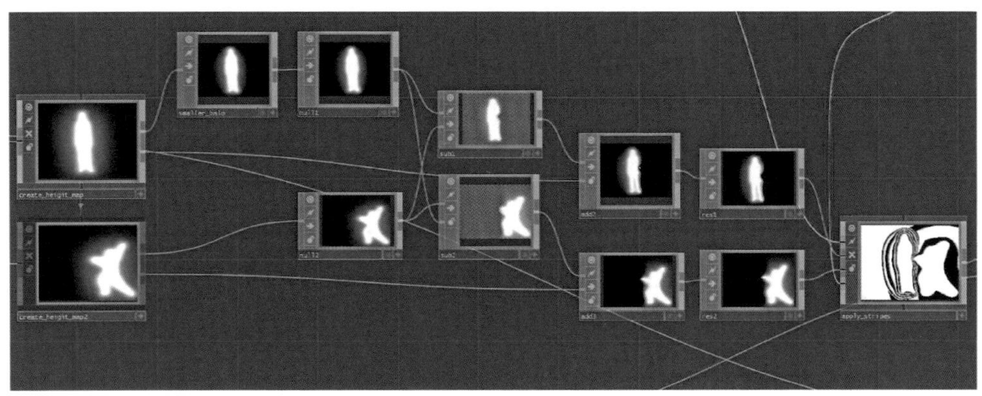

▲　图 3-3　交互逻辑界面设计软件 TouchDesigner

3. 图形可视化交互引擎——Unity 3D

游戏引擎是电子游戏制作与开发的主要平台，可以开发两维和三维交互游戏，可以实现实时的场景渲染和实时的视觉生成艺术，目前 Unity 3D 是比较好的交互引擎，图形化的场景设计，编程环境主要是 C#，国内学习资源丰富，学习成本比较低，普及率高，就目前的作品看，适用人群多，是国内主流的游戏引擎。

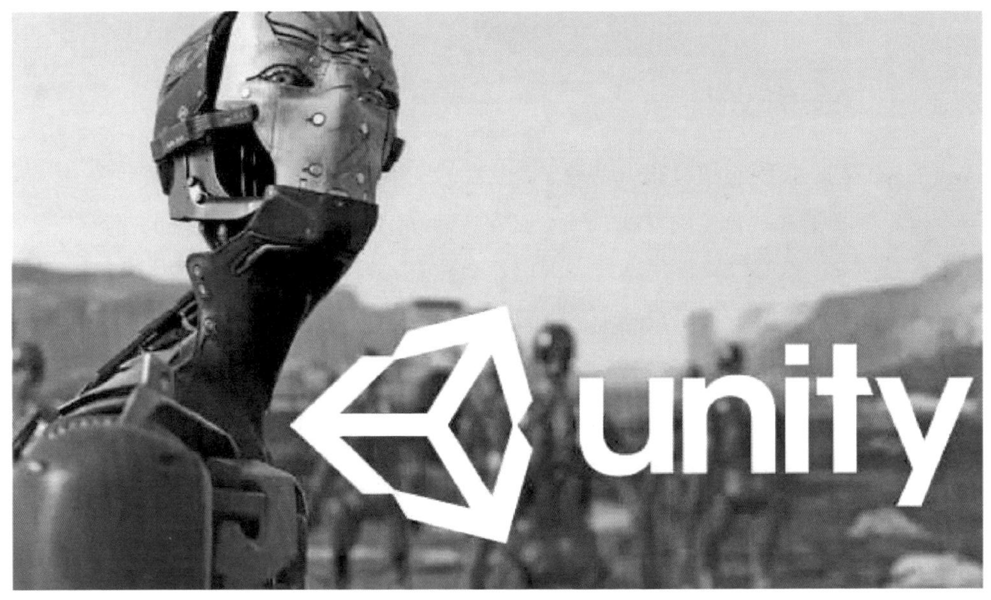

▲　图 3-4　交互游戏引擎 Unity 3D

▲ 图 3-5 用三维引擎开发的虚拟现实 VR 应用

运用 Unity 3D，不仅可以开发应用于各种平台的交互游戏类互动项目，还可以与各种硬件配合，开发更多有趣的交互作品。与前两类逻辑界面开发平台不同，游戏引擎不仅同样可以通过程序控制有效地进行交互逻辑界面与物理界面的设计，其特有的三维场景制作、角色行为控制和多平台发布等优势更让其成为某些交互项目的主要开发平台。

3.3 信息架构设计

信息架构，上到宏观层面可以是一个社会的基本组织结构，下到狭义层面可以是一个网上博物馆 App 软件的结构布局。以网上博物馆 App 为例，一个好的信息架构会引导观众迅速了解整个软件的结构，很自然地被引导到最优的观展路线中，可以快速找到想要参观的展品，可以自助地去探索软件的各种功能与服务。所以信息架构可以说是交互设计产品的骨架，是提升产品用户体验满意度的重要因素，是作品成败的关键。

在《用户体验的要素》里，信息架构是在结构层级完成的，在这一层里，项目逐渐由抽象走向具体，设计师需要就项目需求进行深入分析，对有效信息做到科学合理的分类，帮助用户快速找到所需的信息，提升用户的使用体验。另外，一个优秀的信息架构也会对用户的使用习惯进行正向引导与培育。

1. 信息架构规划

人类的认知习惯是有序的，科学的分类可以让纷繁的信息变得清晰，也更符合人类认知习惯，交互产品的信息架构就是要给项目进行一个分类，便于使用者更好地使用。

信息结构的基本分类一般可分为层级结构（树形结构）、线性结构、自然结构和矩阵结构，如图 3-6 所示。

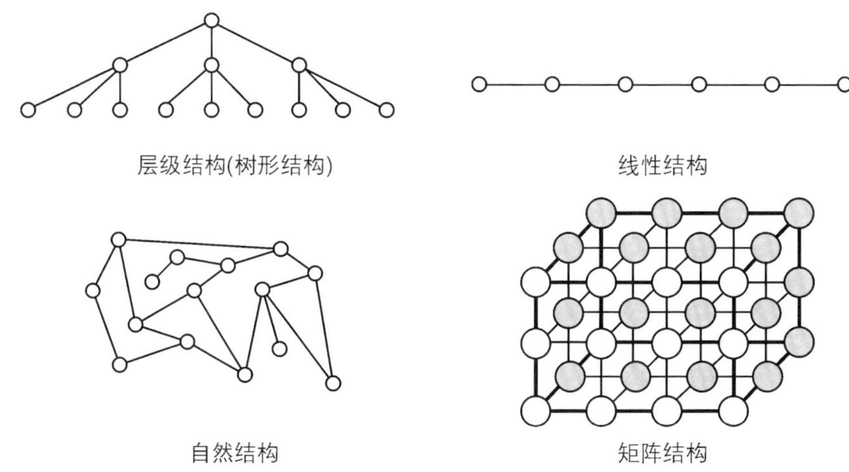

▲　图 3-6　信息架构分类

2. 结构化分类方法

在交互设计中，经常采用卡片分类法来对信息架构进行整理与设计，设计师可以找一些对系统不熟悉的外来人员对信息进行排序等操作，其方法是把一些信息类别写在空白的卡片上，然后根据他们对整个系统的理解对其进行归类、排序，为系统寻找一个最科学、合理的信息架构分类方案。

根据项目的实际情况，卡片分类法又可分为“由下而上”法和“由上而下”法。“由下而上”法，是先由最底层分类开始，把功能分别写在不同的卡片上，然后由使用者或者设计师来做归类的工作。“由上而下”法则是反过来，先分出几大类，然后依次将内容往里填充。这两种方法在实际操作时可以交叉使用。

▲ 图 3-7 卡片分类法

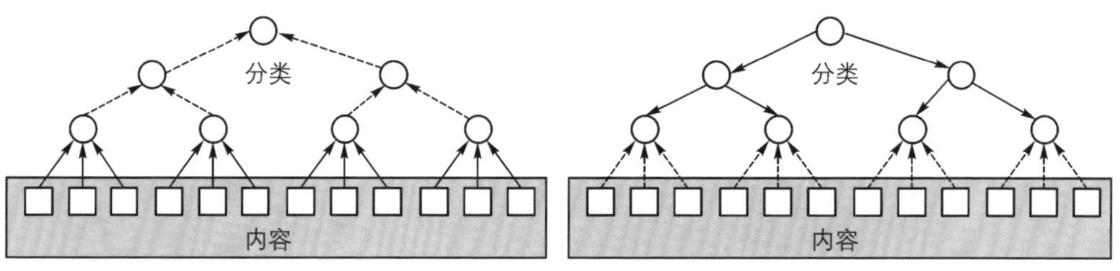

▲ 图 3-8 卡片分类方法

3. 信息架构设计依据

在设计信息架构时，设计师需要分别站在用户立场和产品立场两方面进行周密的考虑，这样才能设计出一个既符合用户使用习惯又有自己独特产品理念的优秀作品。

（1）站在用户立场：信息分类应该符合用户一般的思维和使用习惯，尽可能从使用者的角度去感受，保证用户即使不看产品说明也能迅速了解产品的架构，快速掌握使用方法。例如，现在大部分 App 产品中，用户个人信息都独占一个主菜单栏位，这符合用户的一般使用习惯，用户不需要花多余时间了解产品信息架构就可以找到个人信息的相关页面；如果非要采用其他分类方式将其放置到二级菜单栏，就有悖于用户的常规使用习惯，会对产品的使用造成不必要的阻碍。

（2）站在产品立场：产品经理在考虑用户体验的同时，也应该要明确产品的主要功能和核心价值，并依据这些对信息架构进行适当的取舍，大而全的信息架构方式在任何层级的交互作品设计中都是要尽可能避免的。比如，在设计一个社区独居老人安全管理系统时，产品的核心价值是社会对独居老人提供基础安全保障，所以在规划产品功能时，与每日签到、外出设置和紧急呼叫这些核心功能相比，语音对讲、收音机等辅助功能虽然可以提升产品的用户体验，但不是该产品的核心价值，“简单易用，基础安全，保障隐私，提升管理效率”才是这个产品的核心价值。所以在功能取舍的时候，那些非核心价值的、复杂又容易损坏的功能就应该坚决舍弃。在市场上有很多这样的经典案例，比如微信朋友圈这个大热的功能为啥没放在一级菜单里，微信主创人员给出了很好的解释：“微信这个产品能保持主干的清晰，枝干适度，微信要一直保持四个底部菜单，不能轻易变动，辅助功能可以随时增减，丰富主线，而不影响主线。”

4. 信息架构设计的注意事项

根据项目的设计目标来为每个项目制定专属的信息架构时要遵循一些基本的原则，避免犯明显错误。

（1）有一定的扩展性：信息架构的基本原则是主干尽可能精练，包容性强大，覆盖完整，避免设置一些有可能会添加或去掉的功能。而在次级页面，则需要有很好的扩展性，便于日后添加新功能，这些在创作初期就应该有一定的预见性，以防需要添加时无所适从。

（2）标签保持统一，避免语意重叠：语意重叠是在信息架构设计时比较容易犯的错误，设计标签时，需要反复让使用者帮你评估，不能让标签之间存在语义的交叉重叠；要对每一个标签用词进行反复推敲，严格避免出现语义模糊；选择用户能理解的词语，不要用专业术语或缩写，否则会给使用者造成认知障碍；标签用词的字数尽可能保持一致，比如某一主标签是两个字的词，那么这一层级的所有标签最好都是两个字的词，这会让界面更整齐、统一。

（3）层级设置要均衡：在运用卡片分类法进行信息架构设计时，层级是否均衡一目了然。一般的设计原则是层级尽可能浅而宽，但是层级减少了，每一层的目录就会相应的增加，所以也不能僵化地用这一个标准进行衡量，还要视使用频率和内容重要与否来综合考量。

3.4 视觉美术设计

在用户体验的五步法中，表现层是最具体的一层，也是离用户最近的一层。因为页面的视觉美术设计对项目用户的使用体验会带来较大的影响，所以在进行交互逻辑界面设计时，要符合视觉美术的一般标准。

交互逻辑界面的表现层和平面设计相似，也包括风格设计、配色方案、图标设计以及文字设计和版式设计等，但因其主要应用于电子媒介，其传播的方式与传统的纸质媒体有很大不同，所以在具体设计时也有很多特殊的要求。

1. 风格设计

近年来，“重功能轻表现”已成为交互界面设计的潮流所向，如一些商业 App，轻视觉的扁平化设计风潮已成为当前设计主流。而传统的拟物化设计风格目前主要用于一些交互艺术装置界面设计，希望通过视觉的先入为主，为用户带来身临其境的感观体验。

▲ 图 3-9　交互装置的拟物化设计界面风格

2. 配色方案

色彩是用户体验中情感传达的重要方法，一般 UI 界面的色彩搭配主要由主色、标准色和点睛色三部分组成，主色一般是作品的主色调，但不会大面积使用，主要使用在标题栏、导航栏、版权栏等比较醒目的位置；标准色会大量使用，主要是各种文本内文、分栏等大量使用的色彩；点睛色的使用就如其名一样，要起到画龙点睛的作用，应用在比较重要的、需要特别提醒的位置。

交互界面的色彩搭配也是从色彩的纯度、明度、色相三方面进行考虑，一般一个交互页面会指定一个标准的色彩纯度，然后再根据作品的情感元素进行配色设计，对比色、相近色都是不错的配色方案。

（1）同色系配色法：选择同一色相的深浅不同的颜色作为主色，比如 IOS 系统的天气 App 就是用了这种配色方法，这种方法会让页面更加统一。

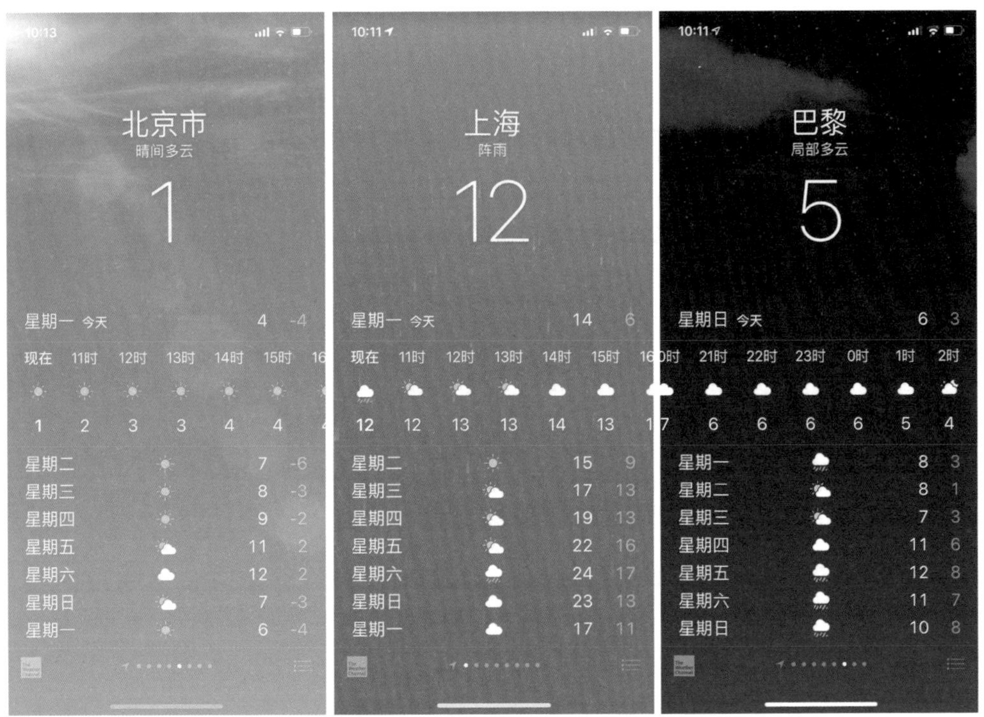

▲　图 3-10　IOS 天气 App 的同色系配色

▲ 图 3-11 京东 App 的同色系配色

（2）相近色配色法：这种设计采用得最多，相近色让画面看着自然柔和，如京东 App，所有页面都以红色和橙色为主色调。

（3）点睛色配色法：主色和标准色都采用一些白灰黑等比较中性的色彩，加配一到两个点睛色来点缀画面，现在很多信息量大的平台都采用这种方式，既可以让页面更冷静，减少视觉的干扰，又可以突出重点，如淘票票的作品评分星级和购票按钮都采用了点睛色，吸引使用者的注意力。

▲ 图 3-12 淘票票 App 的点睛色配色

（4）取色法：当然，色彩设计还有很多其他方法，如范例取色法，就是根据项目的关键词，如“未来、神秘、科幻”等，寻找到一张和这个主题相关的图片，然后直接在画面里提取一些典型色标用于自己作品的页面配色，也是一种很实用的色彩设计方法。

▲　图 3-13　用取色法提取的配色方案

3. 文字设计

交互界面的文字设计一般也可遵循平面设计的基本原则来选择字体、文字尺寸和排版方式。比如对于交互界面的文字大小，可根据媒介的不同平台进行相应的调整，保持一致性的同时也要做好统一规范，如一级标题、二级标题、内文的字号依次递减等。目前，无论 Android 系统还是 IOS 系统，系统字体一般都选用黑体，比如苹果 IOS 系统的“平方字体”是苹果所有产品的系统默认字体。

Droid Sans Fallback
安卓App标准中文字体
壹贰叁肆伍陆柒捌玖拾
ABCDEFGHIJKLMNOPQRSTUVWXYZ1234567890

IOS
苹果 App 标准中文字体
壹贰叁肆伍陆柒捌玖拾
ABCDEFGHIJKLMNOPQRSTUVWXYZ1234567890

▲　图 3-14　交互界面设计字体选型

4. 图标设计

在交互逻辑界面设计里同样会用到一些图形设计元素，如 App 的 Logo 或界面内的一些图标设计，是交互界面设计的主要设计图形元素。一般 App 的 Logo 图标都是方形或圆形的，由底色和有寓意的图形共同组成。下面以 App 的 Logo 图标为例，分析一下设计方法和注意事项。

(1) 形态方面，以 IOS 系统为例，图标基本都是圆角方形，近年也有些主题使用了圆形图标，相比稳重的方形，圆形显得活泼。

(2) 色彩方面，底色多以纯色为主，也偶有单色渐变。选色上主要还是根据产品的主题来决定的，有统计数据显示，目前 App 的 Logo 大多以红和蓝两色为主。从设计心理学来讲，红色有兴旺的寓意，适合一些商业品牌，如京东、淘宝、天猫和淘票

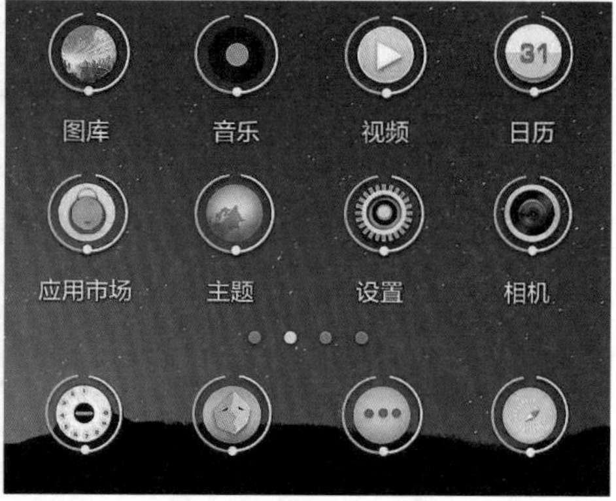

▲ 图 3-15 圆角方形与圆形的 Logo 设计

▲ 图 3-16 不同色彩的 Logo 设计

票等；而蓝色象征冷静、秩序，更适合金融、科技等，如支付宝、铁路 12306、个人所得税等。当然对于图标设计，色彩的指向性并不那么绝对，根据产品的文化属性，现在选择绿色、黄色、粉色的也越来越多。

（3）图案设计主要以表意为主，简单、明了是最好的设计。以中英文字母或文字为主体进行设计的支付宝的“支”、央视体育 5 台的“5”就是较成功的范例。也可以根据产品的功能或特征图形、吉祥物等进行设计，如百度地图、大众点评、抖音、阿基米德、微信和爱奇艺等，都是运用语意设计的经典范例。

▲ 图 3-17　App 以不同方法设计的 Logo

5. 版式设计

交互产品的版式设计除了同样应遵循一般页面排版原则如比例分配、对称与均衡、重复与对比、留白与节奏外，还应根据交互界面显示终端的各自特点，有针对性地加以修正。下面仅就移动终端的交互界面排版给出一些基本指导。

（1）信息排列要对齐。对齐是页面排列的最基本要求，横平竖直，让页面更整洁规范。

（2）多种重复排列方式可供选择。比如分栏成两栏、三栏，或 2×2、3×3 的九宫格都是很经典的排版方式。

（3）信息规划时要注意对比和群组。通过对比突出重点，通过群组让信息分类更加明确。比如将需要重点推介的信息有意地放大，或让色彩提亮等，都可以突出信息的重点。

（4）善用卡片式的排版方式。卡片式排版是现在非常流行的排版方式，把每一条信息都放在一个卡片上，可以让信息更完整独立，极大地减少用户认知的混乱。

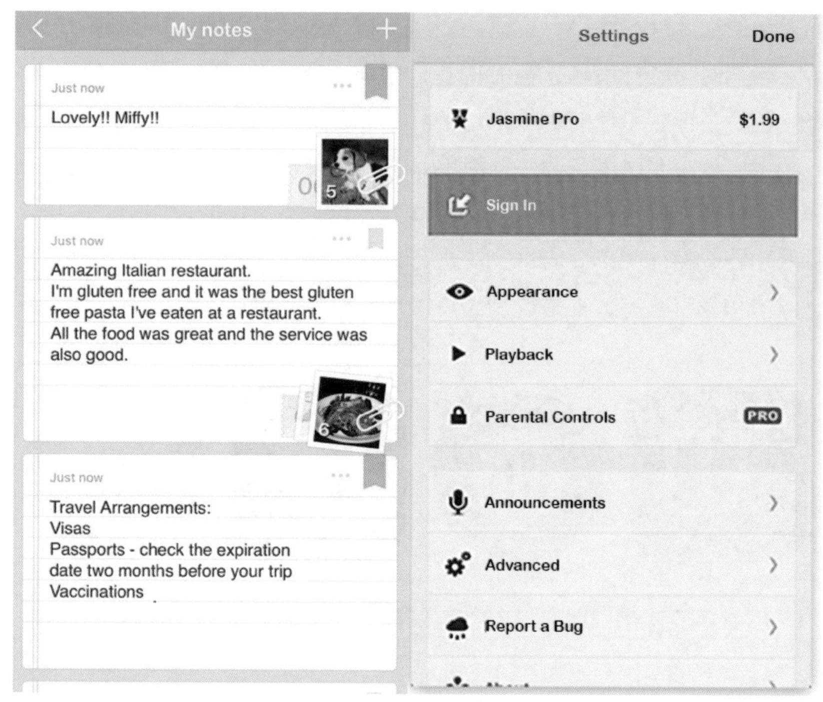

▲ 图 3-18 卡片式的交互界面排版

（5）利用左右滑动和上下推拉对页面进行有效扩展。移动终端相比电脑终端最大的弱势就是页面显示有效范围的限制，当有些信息我们很难用翻页的方式进行展示时，就可以采用这种局部推拉的方式，比如主菜单或热点推荐处，可以左右推拉，延展页面宽度；而页面纵向列表的方式，可以让页面上下推拉，拓展页面的长度。

▲ 图 3-19 电影网站的左右滑动栏

(6) 合理运用留白，让方寸之间也有大世界。页面的白色区域，也就是经常所说的负空间，指页面元素之间的区域，要有一定的预留空间，12 像素就能给可读性带来很多差异。说到国内的交互逻辑页面留白，就不得不说微信，微信是在这方面做得很好的一个产品，它的一级主菜单始终只保持四个。首页进去就是一个最新消息列表没有其他功能，所有功能都隐藏于子菜单里，四个二级界面也都统一采用了小图标加文字的纵向列表形式，页面宽松、整洁，便于使用，一点儿没有其他 App 拥挤、混乱的视觉感受。在二级子页面里，这种大面积留白更为凸显，图标尽可能压缩，把用户的关注点放在非常清晰的文字标题上，让信息查找更容易，同时也保证了整个产品统一的风格和传达的情感体验。

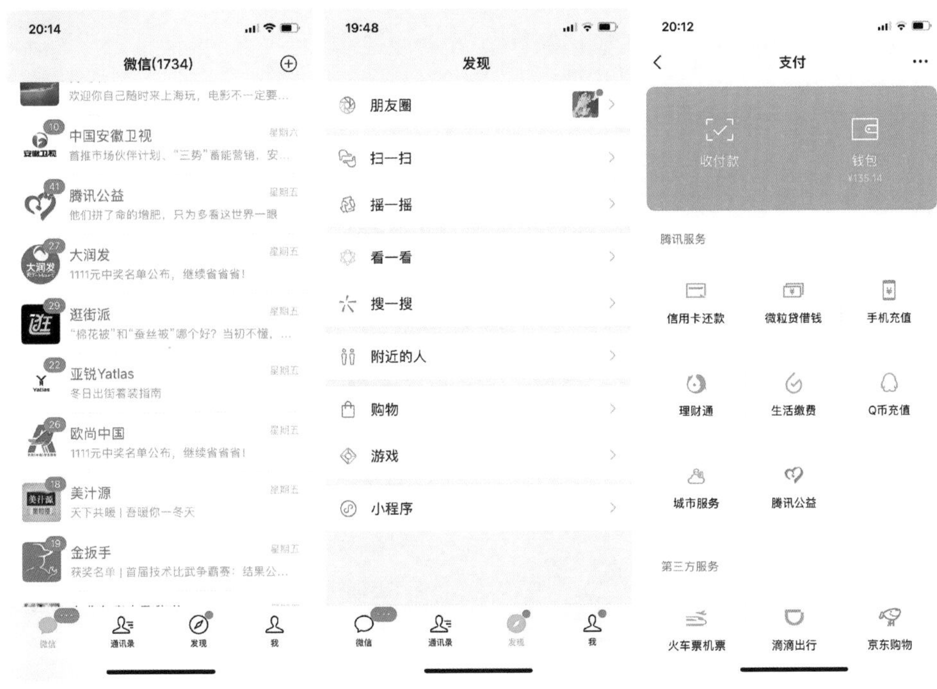

▲　图 3-20　页面合理留白

3.5　信息可视化设计

传播的过程是把信息源通过媒介传播给受众，其中媒介就是信息的表达方式。

最初是文字、数字等形式，随着数字信息化技术的发展，已逐渐向更形象直观的图片、图表、影像甚至交互媒体等形式转化，这就是信息可视化。

信息可视化设计属于交互设计流程的表现层设计范畴，在逻辑界面里，可视化后的信息让作品传播更直观、更清晰、更有趣，可以极大提升交互作品的用户体验。

交互逻辑界面的信息可视化设计与传统纸媒的数据可视化方法基本相似，都是把枯燥的信息转化为更人性化的影像呈现出来，不同之处是传播平台，前者是屏幕，后者是纸媒。屏幕没有页数的限制，可以进行更深层的全方位可视化呈现，屏幕也可以整合图片、影音甚至动画等“富媒体”，让可视化更丰富多彩，而独有的、生动有趣的交互手段也能带给用户很强的沉浸感，让用户更容易获得有效的信息。当然，也因为平台不同，在交互界面的可视化设计中，也要注意以下两方面的问题。

1. 选择适合的表现形式

信息可视化的表现形式主要有几种，如最常用的图表形式，图表又分为用于表现事物组成的饼状图，用于表现过程的折线图，以及用于进行比较的柱状图等。除了图

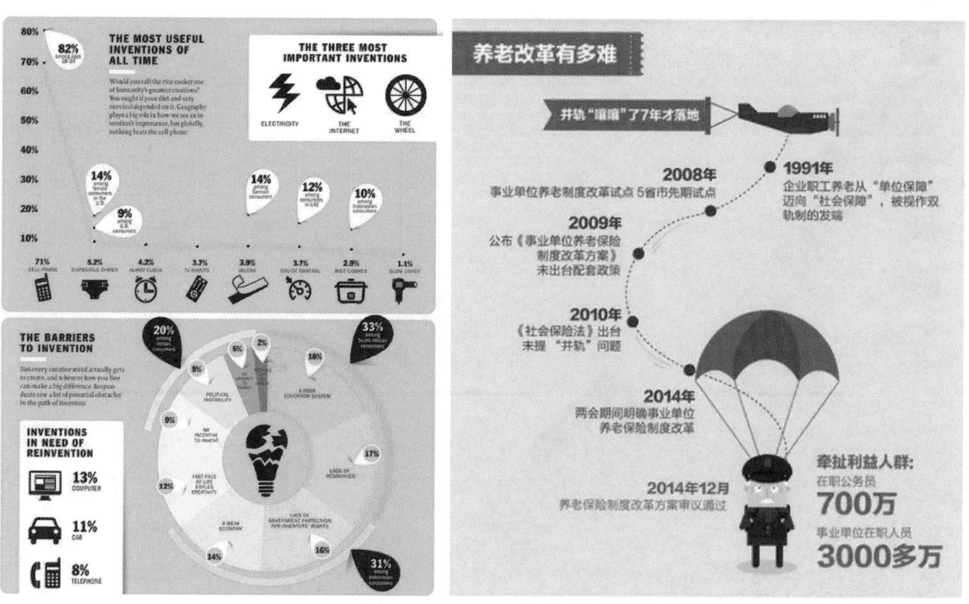

▲ 图 3-21　更加丰富的信息表达

表，还有一些加入了更加感性和直观的叙事插图的数据表达方式，也是交互界面经常选择的信息可视化方法。

2. 注意页面尺寸限制

大部分交互界面信息展示的平台是屏幕。屏幕的优点是可以无限多的显示信息，但同时屏幕尺寸也是一种局限，特别对于移动终端的手机小屏来讲，屏幕的物理尺寸对于可视化信息的呈现有很大的限制。例如很多人喜欢用的饼状图，当某些区域过于密集时，会严重影响信息的可读性。一些柱状图和折线图也要注意页面尺寸的限制，

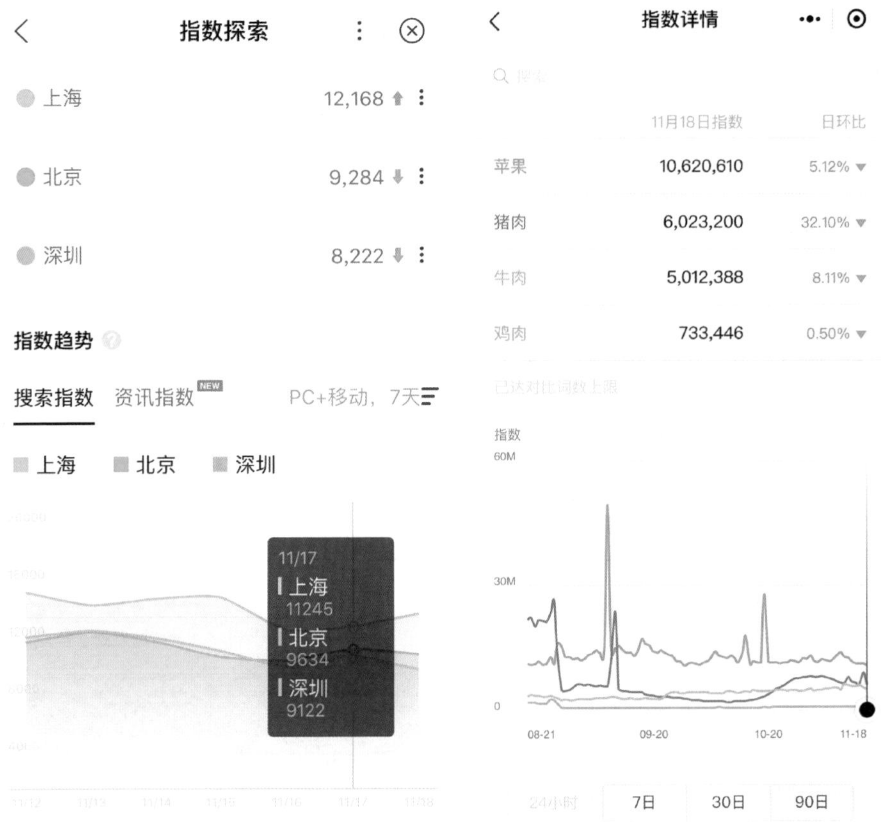

▲　图 3-22　不同指数可视化表达

如采用了曲线图的“微信指数”小程序在进行信息展示时，对照组的元素被限定在 4 个以内，也就是说一个对比图里最多只能显示 4 条曲线；同样“百度指数”的网页版规定同一对照组里不能多于 5 个元素，移动端更是不能超过 3 条曲线。

3.6 原型设计

对于交互设计的逻辑界面来讲，原型设计可分为两个阶段，在框架层完成的低保真原型界面和在表现层完成的高保真可视化界面设计。

在低保真原型界面设计中，梳理产品的功能结构和信息架构，确定每个页面的信息内容、页面基本布局，完成所有页面的交互功能设计。最后要对作品进行整体功能测试，完成设计目标的检验。

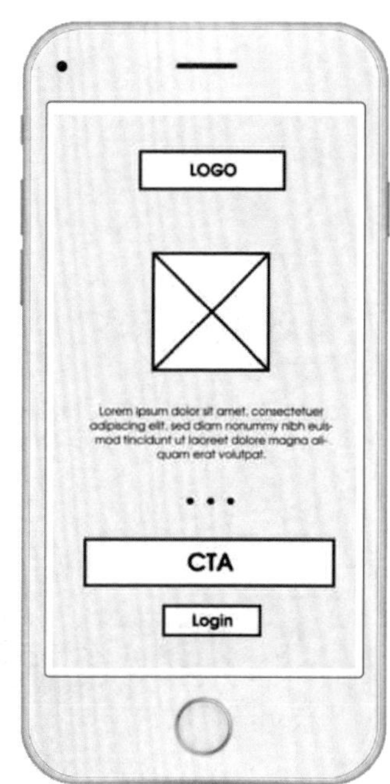

▲ 图 3-23 低保真原型设计

在低保真页面的基础上细化页面的精细化结构设计并完成所有美术设计工作，高保真原型是作品呈现给用户的最终样子。

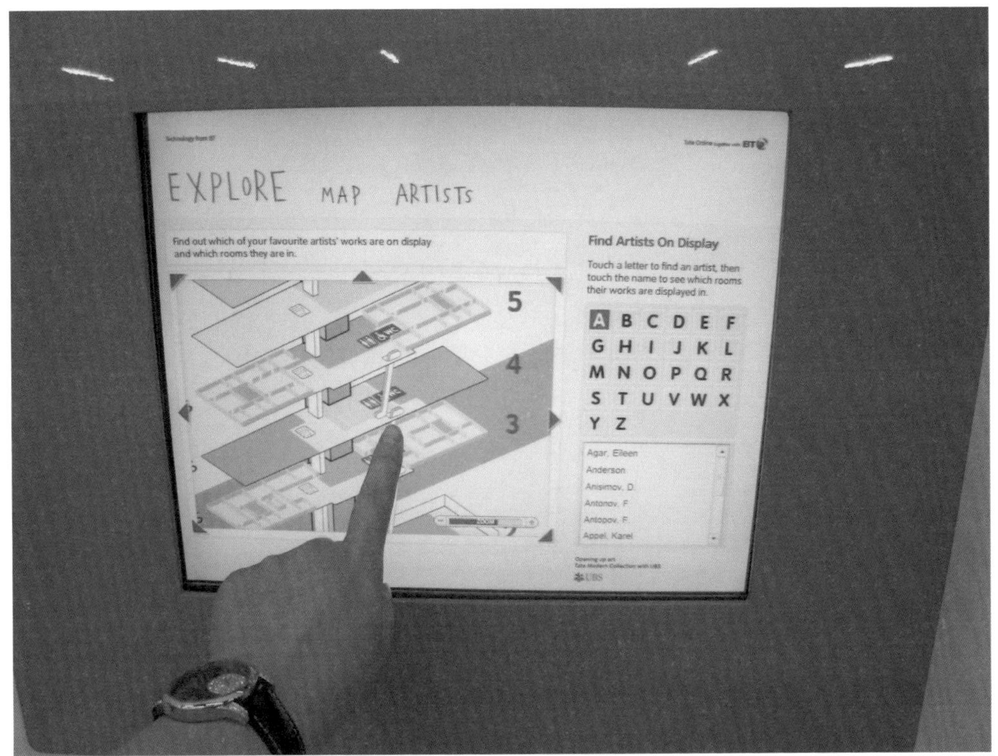

▲　图 3-24　高保真原型设计

第 4 章　物理界面设计基础

4.1　概念与应用领域

交互物理界面用计算机控制声光机电取代逻辑平台的鼠标、键盘、触摸屏等人机交互方式，建立一种全新的人机对话语言。比如在逻辑界面设计中，可以用鼠标控制虚拟视频中灯光的开关，而如果将这个交互界面改由物理方法实现的话，就可以用一个真实的电灯开关取代鼠标按钮去控制虚拟场景的电灯开关了，与前者相比，添加了物理界面设计的交互艺术作品会给观众带来更身临其境的感官体验。

电子书是最早出现的交互艺术作品之一，也是较早使用物理界面构建人机交互环境的商业应用。从早期在个人终端上运用鼠标或触摸屏实现虚拟翻页功能，发展到在公共空间，参观者运用手势就可以实现电子书装置的翻页阅读。近几年，这些交互装置式的电子书被大量用于公共空间的信息传播，在博物馆、科技馆和商场等公共空间都可见到它们的身影。使用手机等个人终端阅读电子书和在公共交互装置上翻阅是两种完全不同的体验。前者适合个人用户，简单实用，后者则适合于开放的公共展示空间。前者主要使用逻辑界面完成设计工作，后者又添加了物理界面，让作品更适合于公共开放空间的传播。

▲　图 4-1　用于个人终端和公共空间的电子书

4.2　物理界面设计流程

交互物理界面所用的技术种类繁多，在创作时很难完全照搬统一的模板，但抛开现象看本质，所有交互物理界面设计本质都是信息的采集与传输。所以交互物理界面开发的根本就是解决信息传递途径与传递方法的问题。

一般来讲，物理界面信息传递的流程主要分三步：

(1) 采集真实世界信息并将其转换成数字信号；

(2) 处理数字信号并传递给计算机；

(3) 计算机接口接收信息，转给逻辑界面，控制虚拟世界。

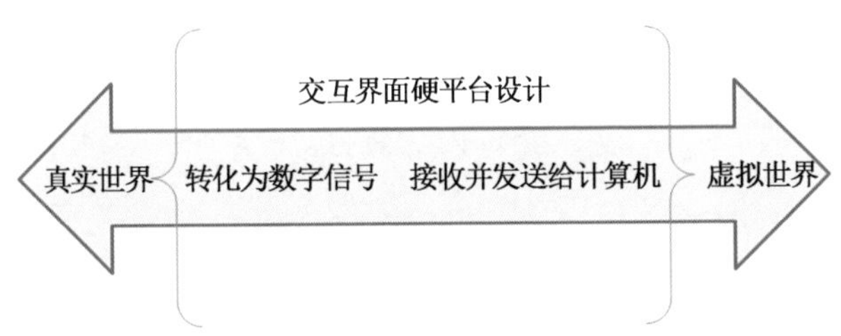

▲ 图 4-2　交互物理界面之信息传递流程图

在物理界面的设计中，基本都是遵循这个信息传递流程，完成真实世界对虚拟世界的控制。同时这个流程也是可逆的，由逻辑界面发出信息指令，传递到计算机接口，对信息进行分析处理后再传递给外界机电设备，如转动马达等，实现虚拟世界对真实世界的有效控制。

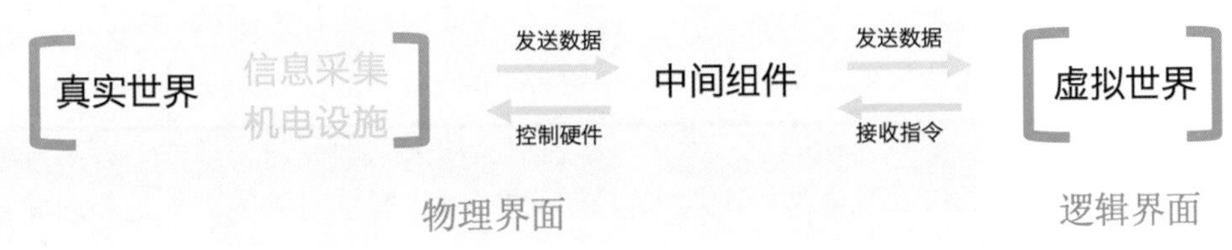

▲ 图 4-3　交互物理界面之信息双向传递流程图

4.3 信息类别与采集方法

交互物理界面设计也可以说是解决真实世界与虚拟世界语言交流的问题，对真实世界的信息进行采集、处理及传递是物理界面设计的根本。

真实世界与虚拟世界语言交流的问题也就是“人机交互”的问题，这里所指的“人”是一个广义的概念，不单指狭义的人类，也可以是一只动物或者一株植物，甚至还可以指代自然环境，如光照、气温、湿度或风向等。这些自然界的动植物和各种环境指数共同组成了人机交互概念中广义的“人”。

▲ 图 4-4 人机交互界面

由于信息采集的对象及采集方法的不同，信息采集的难度与成本也相差甚远。有一些采集成本很高，可能会提高制作成本，而有些选用不成熟的新技术，又可能会降低作品的稳定性。所以在实际的设计中，如何在兼顾作品需求的情况下选择适当的信息类别进行采集就成了首先要解决的问题。根据上面提到的广义的“人”（泛指人、动物、植物、环境这四大类对象），逐一分析每类信息采集的特征与方法，便于在具体项目设计中择优选择。

1. 人

对于人类而言，经常被采集的信息有肢体动作、语言声音和生理指标等。走路、跳跃、挥手、骑行、奔跑这些肢体语言，说话、尖叫或拍打物体发出的音响，以及体温、心率、体液等人体生理指标都可以通过各种简单的传感器、摄像头等电子元件进行信息采集，目前，这些类别信息的采集方法简单、技术成熟。甚至目光、意念这些信息也可以通过眼动仪和脑电波检测仪等较高级的设备进行实时采集，只是与前面普通的信息采集相比，脑电波采集的稳定性和准确率还有待提高，采集成本却有待降低。当然除去这些不利因素，上面提到的大部分类别信息的采集都具有可行性，并已在各类交互设计作品中被广泛使用。

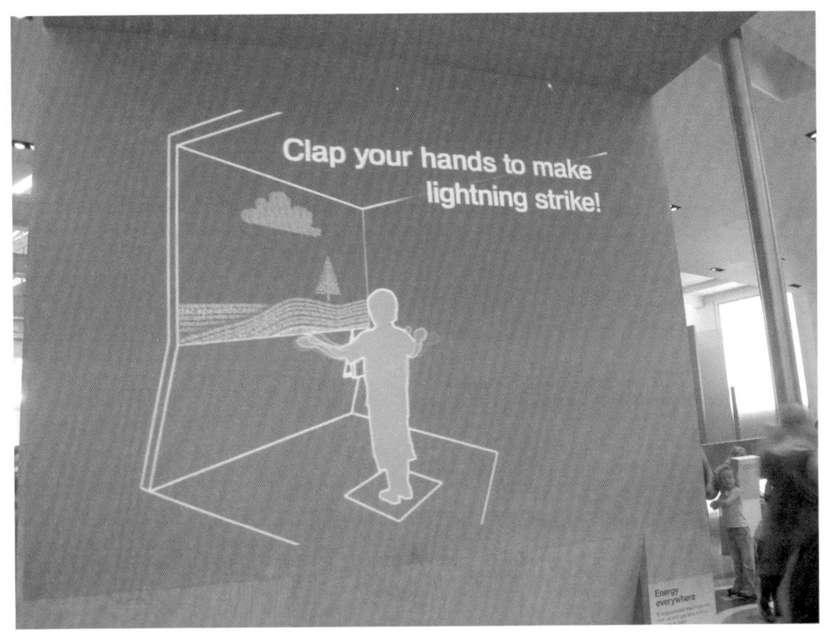

▲　图 4-5　采集观众的肢体语言

2. 动物

对于动物来讲，信息采集和人类比较相似，主要也是包括各种运动行为、声音采集等。通过传感器可以采集一头牛的生活行为，如吃草、甩头、行走等。对动物进行信息采集可以用于创作以自然为主题的交互艺术作品。

▲　图 4-6　采集动物的行为信息

3. 植物

植物信息采集的种类要比动物少，主要可以采集的信息是植物本体的生化指标，如酸碱度、甜度等；另外，生长环境的湿度、温度等指标也可作为采集目标。这些数据可以用于植物主题的交互艺术作

▲ 图 4-7 采集植物生态信息

品创作中。比如采集真实植物土壤的含水量，来控制逻辑界面里虚拟植物的生长，或者根据这些参数的变化，可以将现实中植物生长状态通过虚拟形象用人类语言和行为重新表现出来，赋予作品深层的思想表达，带给观众更深刻的思考。

4. 环境

自然气象的信息采集类别比较多样，就目前的技术来看，这些采集也相对简单，温度、湿度、光照、风向、风力甚至检测污染指数的传感器都很容易购买并且价格较低廉。各种大自然数据一直是交互艺术设计的重要触发器，用虚拟影像实时地展现自然界的气象变化，既生动有趣又可以有很好的沉浸感。

当然以上还不是交互设计可以采集的全部信息类别，还有很多类别的信息也会在一些项目中被用到。信息采集方式不同，会直接影响作品的表现形式，一个有趣的信息采集方式绝对可以激发艺术家的创作灵感。

4.4 信息处理与传输方法

通过传感器采集到的信息，数字化后可以传递给计算机接口，并最终实现物理界面与逻辑界面的通信。数据传递过程看似简单，其实操作起来并不容易，因为计算机大多无法直接接收传感器发送的信息。要想顺利地实现两者间数据的传递，大多还需要借助中间组件来完成传感器与计算机的数据通信。

借助中间组件实现数据传输不仅是交互物理界面设计的难点，也是重点。本书将着重介绍以下两种方法来解决这一问题。

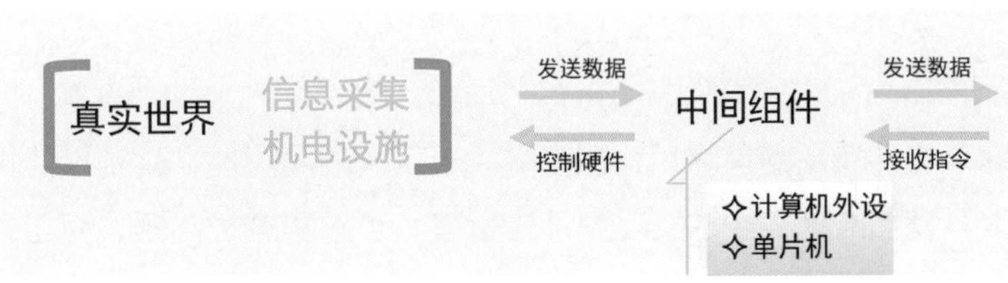

▲ 图 4-8　物理界面信息传输方法

1. 计算机外设法

键盘、鼠标、麦克风等是计算机最标准、最常用的外部设备，可以直接将外部信息输入给计算机。计算机外设法便是利用了这一便利，直接借用键盘或鼠标等作为传感器与计算机间的信息传输桥梁，将数字开关类传感器与简单改造的键盘、鼠标相连接，再通过键盘、鼠标接口直接将信号传给计算机。计算机外设法简单明了，适合于初学者学习使用。

除了鼠标或键盘，其他可供选择的计算机外设还有摄像头、麦克风、游戏手柄、Kinect 等可直接与计算机相连接的所有计算机输入设备。与鼠标、键盘不同，它们集合了数据采集、信息处理与传输功能，不再需要独立的信息采集传感器，如图 4-9 所示。

▲ 图 4-9　计算机外设法

2. 单片机法

鼠标和键盘的外设法简单易用，但也有一个巨大的局限性，就是只能接收数字信号，对模拟信号爱莫能助。一些交互设计先行者为了解决这一问题，为艺术家们专门开发了用于交互媒体设计的单片机模组。这种集成了微处理器的单片机模组，一边可以与计算机直接连接，一边也可以接收各类传感器信号；同时也能控制连接在模组上的电机等物理元件的工作状态，实现物理界面与逻辑界面信息的无障碍沟通。

这种专门为艺术家们开发的单片机模组接口完整，可直接连接使用。艺术家们不需要了解更深入的微电子专业知识就可以快速搭建自己交互作品的物理界面。目前，此类模组种类繁多，各种配套模块齐全，价格低廉，使用方便。无论是交互设计大师还是初学者，都可以通过简单的学习就可以掌握创作方法，完成自己的设计作品。

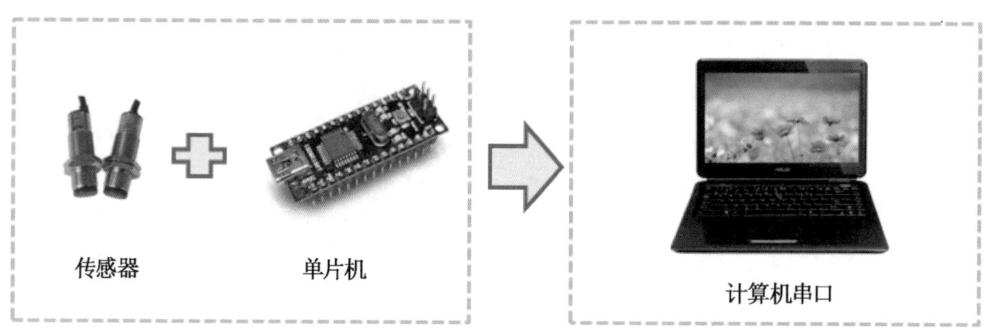

▲ 图 4-10 单片机法

4.5 物理界面交互设计原则

交互物理界面创作的主要任务是为用户创造一个全新的感观体验，打破以往单一的人机交互模式，收集外界的各种信息指令传递给交互逻辑界面，为交互艺术作品建立一个全新的人机对话机制。物理界面设计最主要的工作就是创建可以实现人机对话的机电界面，对于初学者而言，物理界面设计与逻辑界面设计最大的不同就是方案选择没有定式。逻辑界面主要是通过交互软件实现虚拟元素的逻辑组合，内容不同，但基本的展示方式不变，都是通过屏幕来展现内容。而物理界面则是通过各种完全不同的物理装置来实现交互功能，因为装置设计千差万别，以至作品的设计形态也多种多样。虽然作品的设计形态没有定式，但在创作实践中，我们还是总结了一些共性的设计原则来指导物理界面的创作实践。

1. 具有趣味性

进行物理界面的信息采集设计时，可以选择多种装置方案，这些装置可以是手动轮盘、拉力器，或其他信号发生器。如图 4-11 所示，小女孩用力转动左右两侧的机械轮盘，传感器便将旋转速度与转动圈数等信息转化为数字信号传递给逻辑界面，来控制显示屏上的显示内容。

当然，上面这个项目也可通过其他装置形式来进行信息采集，如拉力或跑步等。在创作实践中我们发现，所有展会中，那些具有游戏趣味性的交互作品一定是展览中最受欢迎的作品之一。图 4-12，是一则动物食品广告，广告里没有播放常规的视频广告，而是在广告屏的下方提供了多个按钮，路人通过按钮来投喂狗粮或奖励玩具来实现与视频里狗狗的互动，通过这种生动有趣的体验，人们可以更愉快地接收产品的宣传信息，让街头广告更具吸引力。

▲ 图 4-11　用轮盘作物理界面的交互装置作品

▲ 图 4-12　街头交互广告

2. 符合使用情境

一个符合设计主题情境的物理界面设计方案，可以让用户在作品的语境里迅速地自学到作品的交互方式，实现人机自然流畅的对话，而不是必须通过阅读复杂的使用说明书来实现。我们也发现这种符合作品情境的交互设计也更容易让用户沉浸在作品里，达到作品设计目标。

新媒体艺术作品《魔镜》（图 4-13）就是通过一个红外线感应装置来采集参观者的位置信息，当参观者走进走廊，即可看到走廊尽头的屏幕上投射出本人正面影像，而当参观者被环境驱使走向走廊深处时，安装在走廊中间的红外线传感器感应到参观者经过后，系统会转换摄像机投影信号，将正面影像转换成背面影像，参观者越往走廊深处走，影像却越来越远离你，给参观者带来奇妙体验。这个交互方式完全符合参观者所处的情境，长长的走廊让参观者下意识地就会走进深处，交互也就是在参观者行动的过程中被激发，照镜子的界面设计也完全符合人们所处的真实情境，越追逐却越来越远的寓意也传达出某些哲学思考。

▲ 图 4-13　新媒体艺术作品《魔镜》

图 4-14 是一个城市涂鸦广告牌，行人可以用电子画笔，在界面上选择色彩与笔触，直接在广告屏上涂鸦，然后将画好的作品上传到后台服务器，便可在城市各地的广告牌上轮流播放，来满足人们的涂鸦心理。

▲　图 4-14　交互广告作品

3. 生动形象的外观

交互设计是一项综合艺术形式，一个优秀的设计作品不但技术上要有所创新，而且在装置外观设计上也要新颖美观，充满设计感。装置的外观设计也是物理界面设计

▲　图 4-15　新媒体艺术作品的装置环境设计

的一部分，一个符合作品主题的装置外观设计，会与整个作品相辅相成、相得益彰，给观众带来更强烈的沉浸感。图 4-15 是一个以人体健康为主题的医学交互科普装置作品，整个作品的外观被设计成人体肠道的形状，所有的作品依次分布其中，设计不但很好地突出了作品的主题，趣味十足，而且在空间设计上也起到了分散人流的作用。

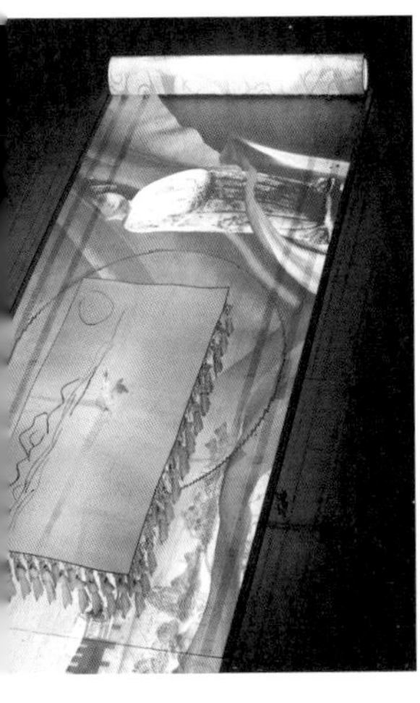

第三部分 设计方法

机电技术基础

交互界面设计方法

第 5 章　机电技术基础

在进行交互作品物理界面设计中，会用到许多机电系统来搭建人机界面。交互设计师只有掌握一些机械与电子的基础知识，具有简单的机电系统设计与制作能力，才能完成物理界面的原型设计工作。但也无须担心，交互物理界面设计中所用到的机电技术一般都比较初级，交互设计师通过简单学习，完全可以具备这种设计能力。

5.1　电路基础

电路是实现机电装置控制的基本方法与手段，我们从中小学就开始接触电路，本节仅对电路基础理论与设计方法等做一个简要的回顾，以保证后续设计工作的顺利进行。

1. 电路概念

电路，是由金属导线和电气以及电子部件组成的导电回路。

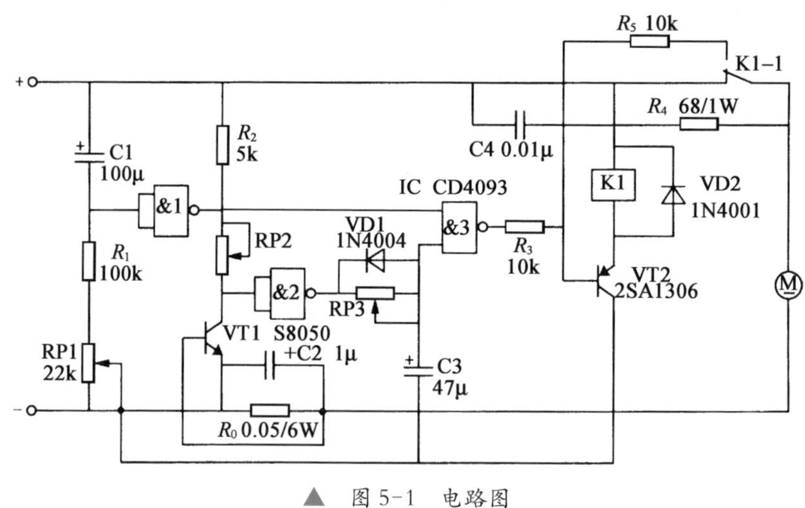

▲　图 5-1　电路图

2. 电路的组成

一个完整电路一般是由电源、连接导线、负载和辅助设备四大部分组成。大多数应用的电路都比较复杂，通常我们用电路图来简化电路的描述，以便进行电路设计与实践分析。

(1) 电源：电源是为电路提供能量的设备。一般电源分为固态电池、蓄电池和发电机等。电源又分为普通电源和特种电源，在物理界面设计中，常使用的是普通电源，如交流电源和直流电源。交流电可以直接使用 220 V 市电，在实验室中，我们最常使用的是低压直流电源，可根据需要选择适当电压的直流电池组或直流稳压源。在物理界面创作中，学会废物利用是每一名学习交互设计的同学必须要掌握的技能，手机等小家电淘汰的稳压源很多是 5 V 的，而旧笔记本的直流电源适配器大多是 12 V 左右的。这些规格的电源是我们做实验时最常用的。掌握了变废为宝的方法后，你会发现家里的储物间可能就是你的百宝箱，那些废弃的小家电及其元器件很可能就会帮助你完成下一个设计作品。

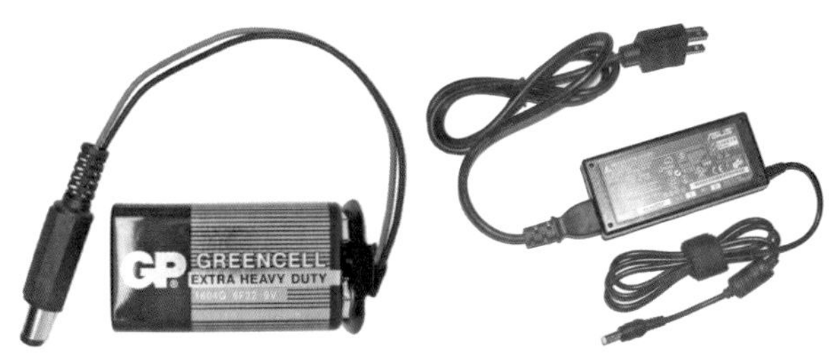

▲ 图 5-2 电池组和电源适配器

(2) 连接导线：连接导线用来把电源、负载和其他辅助设备连接成一个闭合回路，起着传输电能的作用。导线内芯有单芯、多芯铜线或镀锡铜线之分。对于交互实验室经常使用的低电压设计来讲，单芯电子线是最常用的一种。

(3) 负载：在电路中使用电能的设备统称为负载。负载是把电能转变为其他形式能，如电动机把电能转变为机械能、电灯把电能转变为光能等。通常使用的照明器具、家用电器、电机等都可称为负载。在交互界面设计中常会用到的 LED 灯和电机等都是负载。

(4) 辅助设备：辅助设备是用来实现对电路的控制、分配、保护及测量工作的，如各种开关、熔断器、电流表、电压表及测量仪表等。

3. 电压、电流和电阻

电路的三个最基本物理量就是电压、电流和电阻。电压就像水压一样，在电路里，有电压差才能让电流像水一样在电路里从高到低地流动起来，从而实现能量的传输与转换。

在进行物理界面设计时，欧姆定律是最需要掌握的一个物理定律，指在同一电路中，导体中的电流跟导体两端的电压成正比，跟导体的电阻阻值成反比。

4. 基本电路

实际项目中的电路一般会比较复杂，但再复杂的电路也是由串联电路和并联电路组合而成。

串联电路指可以使电流顺序通过每一个元件而不分叉。

并联电路则是指各负载并列地接到电路的两点间，使得电压在两点间等量地加给每个负载。

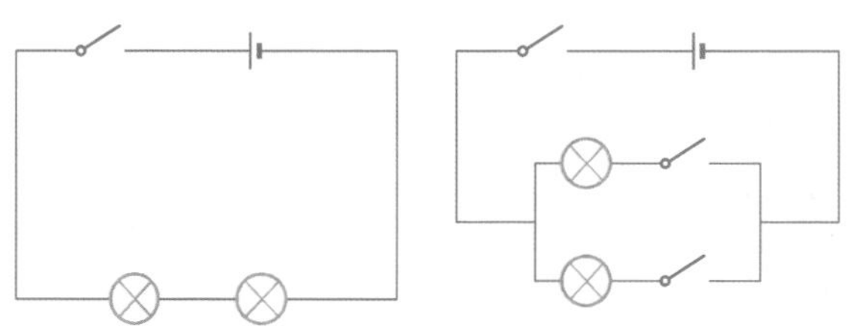

▲ 图 5-3 串联电路与并联电路

5.2 工具箱

在开始进行电子创作前需要准备一个工具箱，在工具箱中需要配备一些常用的专业工具和设备，这些工具和设备可以帮助我们更便捷地使用电子元件，保证实验工作的顺利与安全。工具箱中主要包含下面几类常用工具。

1. 剪线钳等工具

在开始实验操作前，先需要准备一个工具箱，用来存放一些实验工具及耗材，如剪线钳、大小螺丝刀、剪刀、粘胶枪等基本电工工具，还需要准备电工胶布、导线等耗材。

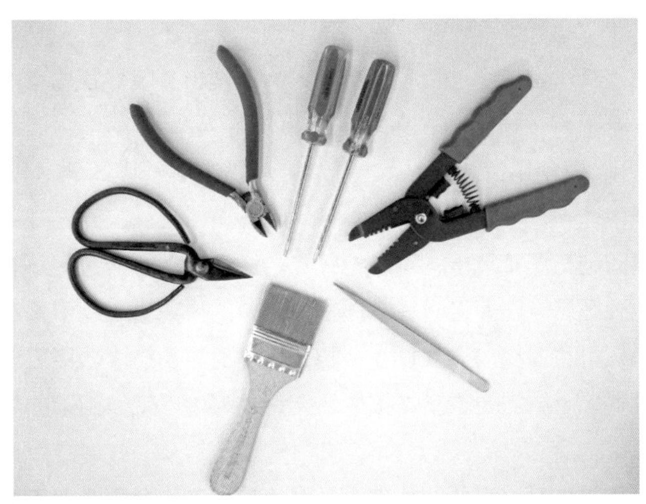

▲　图 5-4　常用工具

2. 焊接工具

烙铁用于焊接电子元器件，是必不可少的工具。为了顺利完成焊接工作还需要准备一些相关耗材与辅助工具，如焊锡、松香、细砂纸等耗材，以及吸锡器、烙铁架等工具。

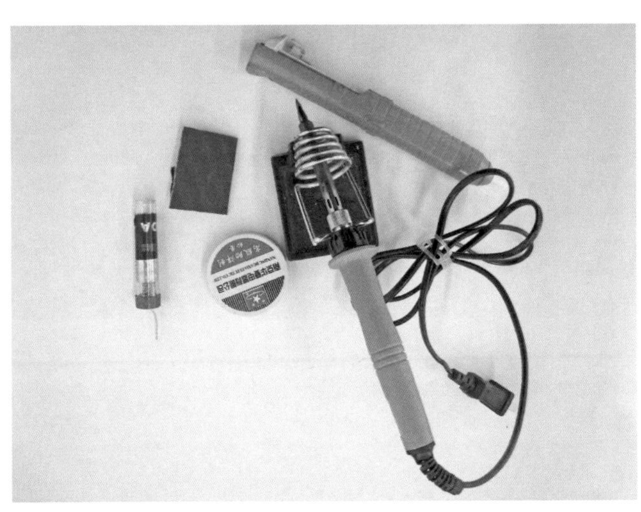

▲　图 5-5　焊接基本工具

焊接的基本步骤：

（1）先用细砂纸对焊接物进行轻轻打磨，特别是当有阻焊膜的电路板时，需要先打磨掉保护膜，露出铜接触点，才能重新焊接。

（2）将烙铁预热，当温度达到标准时，用烙铁去蘸一点松香，松香是很好的助焊剂。

（3）将焊锡固定在焊接点上，用焊枪轻点，注意一次点的时间不要太长，特别是对电路板，以免破坏焊点。焊接时，掌握一些简单的技巧更有助于提高焊接效率，比如在焊接导线时，可将焊锡与导线拧在一起，这样更容易完成焊接工作。

（4）如果没有焊上，需要重新焊接的，要用吸焊枪把工作面上的焊锡吸掉，再重新来过。

安全提醒：在工作时一定要注意安全，焊接前把工作台面清理干净，将焊枪架在专用铁架上，焊头朝向无人区，衣服、纸张和肢体不要触碰到焊枪头，用完焊枪要及时拔掉电源插头。

▲ 图 5-6 焊接技巧

3. 面包板

面包板是实验室中用于搭接电路的重要工具，很容易把电子元器件插在它上面连接成电路。而之所以可以组成一个闭合的电路，是因为面包板背面的一些洞是彼此相连的，这样就可以将插入的导线互相连接起来。

面包板的规格尺寸有很多，可根据实际情况进行选择。图 5-7 左侧面包板的连通规则如右侧所示，上下及中间横向条间互相连通，中间纵向 5 个点互相连通。

▲ 图 5-7 长排面包板

4. 万用表

万用表是电子设计与实验中必不可少的工具，可用于测量电流、电压、电阻等。现在的万用表多数都是数字式的，装上电池就可以使用。

▲ 图 5-8 数字万用表

5.3 常用电子元件

进行电路设计必然会用到很多电子元件，如开关、电阻、二极管等。电子元件的种类繁多，功能各有不同，本书仅挑选交互界面中最常用到的几种元件加以介绍。

1. 电阻

电阻是一个耗能元件，是最常用的电子元件之一，电流经过它就产生内能。电阻的主要作用是分流降压，对于在电路中传输的信号来说，交流与直流信号都可以通过电阻。

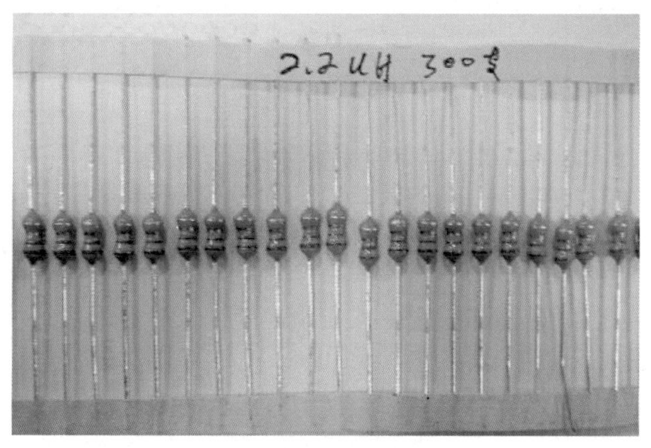

▲ 图 5-9 电阻

出厂电阻通常是连在一起的，上面往往会标识出阻值，可供使用时选择，但拆出来的零散电阻如何读取阻值呢？最通用的方法是色环标识法，一般电阻上画有很多色环，这些色环在任何角度都能看到，即使已焊接到线路板上也可以很快读出阻值。

电阻一般有四环电阻和五环电阻，五环电阻为精密电阻。由于电阻没有方向，所以要读取数值首先要确定第一环。

1）确定第一环

四环电阻比较容易判断，因表示误差的色环只有金色或银色，而且误差色环一般都是第四环，那么另一头就是第一环。

对于五环电阻来讲就有一些困难，要从几个方面综合做出判断。从误差环的颜色判断，表示误差的色环颜色有银、金、紫、蓝、绿、红、棕；从阻值范围判断，一般电阻范围是 0～10 MΩ，如果读出的阻值超过这个范围，就可能是第一环选错了。例如，一个金属模电阻一边读出是 10 kΩ，而从另一边读出是 120 Ω，按常理 10 kΩ 是存在的，而 120 Ω 就不在标准系列当中，可推算出这个电阻是 10 kΩ。当然直接用万用表测量也是好方法。

2）色环读数

电阻的每条色环都代表了一个数字，要想正确读出阻值，首先要了解每个色环对应的数字：

棕、红、橙、黄、绿、蓝、紫、灰、白、黑

1、 2、 3、 4、 5、 6、 7、 8、 9、 0

确定了第一环后，便可找到最后一环的误差环，倒数第二环代表 10 的幂，前面色环代表数字，如色环为“棕黑黑红金”，除去最后一位为误差值，前三位读出是 100，倒数第二位是 2，即 100×10^2，最终读数为 10 kΩ。

变阻器是一种可变阻值的电阻，是一种电路元件。变阻器在电路中的主要作用是调节电路的电流强度，重新进行电压的分配。在交互物理界面设计中，变阻器常被用作模拟信号元件使用。

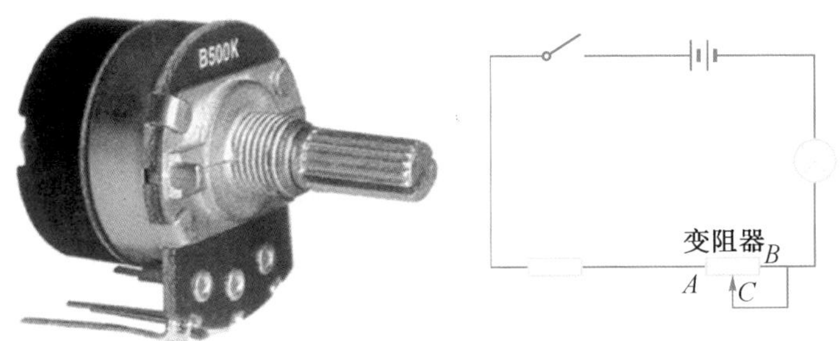

▲ 图 5-10 变阻器及其工作原理

2. 发光二极管

二极管又称晶体二极管，具有单向导电性，二极管种类很多，有整流二极管、发光二极管、红外发射管、红外接收管、稳压二极管等。在新媒体艺术创作中，使用频率最广的是发光二极管，也就是我们常说的 LED 灯珠。发光二极管是将电能转化为可见光的固态半导体器件，被广泛应用于光源照明、大屏幕显示等领域。

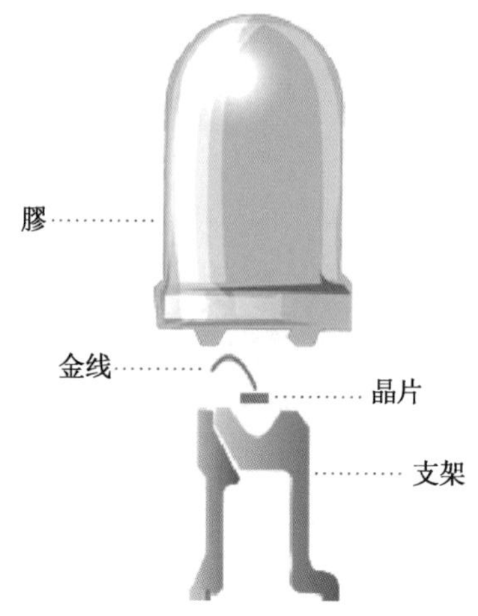

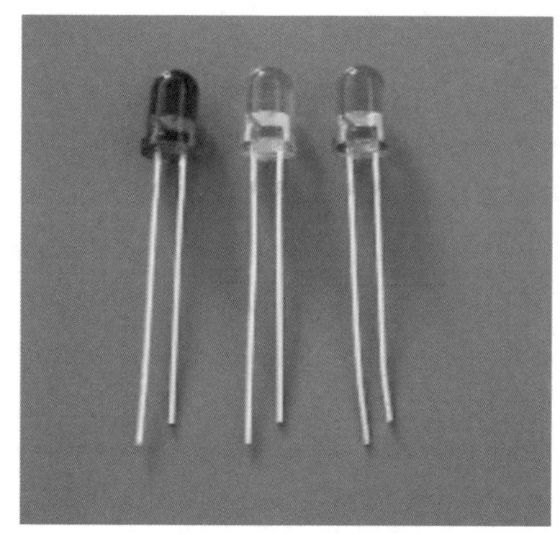

▲ 图 5-11 发光二极管

在日常生活中，发光二极管应用范围极广，从家电照明到电子玩具，从 LED 背光液晶屏到摩天大楼的外墙装饰，可以说目前 LED 已是构成我们高科技生活的重要电子元件。之所以 LED 有如此大的发展空间，源于它卓越的性能：

（1）体积小：LED 是一块很小的晶片被封装在环氧树脂里面，所以它可以做得非常小、非常轻。

（2）耗电量低：LED 耗电非常低，普通 LED 的工作电压只有 2～3.6 V，工作电流也只在 0.02～0.03 A 之间，也就是说，一个 LED 消耗的电能不超过 0.1 W。

（3）使用寿命长：在规定的电流和电压下，LED 的使用寿命可达 10 万小时。

（4）高亮度、低热量：LED 采用了冷发光技术，发热量比普通照明灯具低很多。

（5）环保：LED 的制作材料无毒无害，不像含水银的荧光灯会造成污染，而且淘汰的 LED 还可以回收再利用。

（6）坚固耐用：LED 被完全封装在环氧树脂里面，它比灯泡和荧光灯管都坚固，灯体内完全固化，没有任何松动的部分。除非是电路过载，否则 LED 是不易损坏的。

（7）可控性强、形状随意组合：LED 作为屏幕可任意组合拼接，形状不受任何限制，可以是多边的平面或曲面，适应各种舞台演出与空间展示的需要。

（8）色彩变化多样：LED 本身是单色光源，但在计算机控制下，使红、绿、蓝三种颜色按 256 级灰度任意混合，即可产生 16 777 216 种颜色，达到真彩色级别。

发光二极管是目前新媒体艺术创作中重要的电子元件，其在照明、装饰、信号指示及新的交互产品开发中都已占据重要的地位。主要有以下几种应用场合。

（1）大尺寸显示屏：发光二极管的一个重要应用就是大尺寸显示屏，随着 2008 年北京奥运会的召开，LED 大屏以其绚丽的色彩、逼真的视觉效果、随意的组合性，真正被全世界所瞩目。2008 年北京奥运会开幕式上巨大的画幅和两圆柱形的画轴徐徐展开，在光影的变幻中，书写了一部中华历史长卷。LED 灯按 20.83 mm 的间距排满了整个画卷，由于画面上还要有其他表演，特别是击缶，上千个巨大的缶被推上画幅的特定位置，这就要求显示屏整体要有足够的平整度和抗压性能。为了实现这一效果，所有的 LED 灯条外壳都采用了铝镁合金制作以增加强度，最后还在上面加装了高品质 PC 面罩。“武装”后的画卷表面更平滑，便于演员和设备的快速移动。

▲ 图 5-12　2008 年北京奥运会开幕式 LED 巨型屏

▲ 图 5-13 LED 鞋

(2) 照明与背光源：由于 LED 的诸多优点，LED 正快速取代传统照明产品，成为家用照明和商务照明市场中的主力产品类型。除了在照明市场中大显身手，在背光源市场中，LED 也是明星。背光就是给液晶显示屏提供背光照明，目前 LED 在背光源市场中的份额逐年增加，平板电视、平板电脑、显示器、手机等是其主要的应用领域。到 2020 年年底，中国显示器行业的工业总产值约为 600 亿元，其中液晶显示器的工业总产值约为 80 亿～100 亿元，由此可见，中国的液晶显示器在背光源市场中具有巨大的发展潜力。

(3) 在日用品、玩具上的应用：随着人们生活水平的不断提高，LED 多彩炫目的效果也被大量应用于儿童玩具、家居用品和服装饰品的设计中，例如惊艳路人的闪光鞋、走路时会闪烁发光的内置 LED、年轻人参加聚会时佩戴的闪光发夹，甚至天上的风筝现在都装上了闪亮的 LED。

LED 灯有两个脚线，长脚接电源正极，短脚接电源负极，在连接时切记不能接反。要想为 LED 配置电路，必须要了解所用 LED 的型号规格。因为 LED 要求的额定电流比较低，所以搭建电路时要用电阻来控制电流的分配，如果不加分流电阻，那么 LED 会被烧穿。

LED 灯珠的额定电压不尽相同，一般情况下，超过 20% 会烧穿，大部分 LED 的额定电流都低于 20 mA。目前最常用的几种 LED 灯的额定电压如下。

· 白色 LED：3.0～3.3 V

· 红色 LED：1.8～2.2 V

· 蓝色 LED：3.0～3.2 V
· 绿色 LED：2.9～3.1 V
· 黄色 LED：1.8～2.0 V

在实际项目中，可以用串联或并联的方式连接 LED 灯组。例如把三个蓝色 LED 串联，那么 3×3 = 9 V，如果供电是 9 V 就不需要加限流电阻了，因为加了就会影响灯光的亮度。但如果一个灯有损坏的话，其他灯就会因为电流过大而烧穿。所以比较合适的方法是接入 12 V 的电源，12 − 9 = 3 V，LED 的额定电流是 20 mA，还可以串一个 150 Ω 的电阻来限流。

3. 传感器

传感器负责采集外界的信息，不同种类的传感器可以采集不同类型的信号，如声音传感器可以采集外界声音的变化，而温度传感器则可采集环境温度信息。

传感器种类很多，按应用来分，可分为压力传感器、温度传感器、湿度传感器、亮度传感器、声音传感器、测距传感器、水位传感器和位移传感器等。

按输出信号可分为模拟传感器和数字传感器两种。开关类传感器是典型的数字传感器，它只有两个状态一开一关，类似电灯开关。在生活中开关类传感器应用范围非常广，如安装在走廊的红外感应电灯开关，人来灯开，人走灯灭；以及自动流水线上的红外线开关等。模拟传感器可检测出模拟信号，如距离、温度、湿度等信息。

在物理界面设计中，传感器主要是根据应用类型和应用场合进行选型。不同的传感器采集的信号类型不同，对其进行数据处理时所用的处理方法也不同。这些将在本书后面章节中详细介绍。

▲　图 5-14　各种传感器

4. 继电器

在使用开关类传感器进行物理界面设计时，还需要使用到另一个重要的电子元件，即继电器。物理界面设计中，继电器主要用于将开关类传感器输出信号转化为纯机械开关元件去控制另外的工作电路。

继电器种类很多，电磁式继电器体积大，可配接线底座，连线方便。因各部分连接都可通过透明的外壳看到里面的工作过程，适合初学者理解其工作原理。而在实际设计中大多会选择体积更小、更坚固的固态继电器，这类继电器采用晶闸管、可控硅等电子元件实现输入、输出功能。

▲ 图 5-15 不同类型的电磁继电器

继电器具有两个电子回路系统，与开关传感器相连的是它的输入回路，另一侧由电磁铁控制开关的电路称为输出回路。电磁类传感器的工作原理为：当传感器发出信号，传输给继电器输入回路，电磁铁被供电，产生电磁，控制输出回路的物理开关闭合，从而将传感器的电信号转化成为一个开关量。继电器的两个回路通过物理原理关联，实际上是互相阻断的，两边的电流和电压互不影响，所以继电器可以帮助开关传感器实现用较小的电流去控制较大电流，反之亦然。

与继电器相连的开关传感器又分为 PNP 和 NPN 两种内部连线类型，PNP 是高电平输出、NPN 是低电平输出，因为输出端信号不同，所以开关传感器接入继电器的方法也不相同，可参见图 5-16。

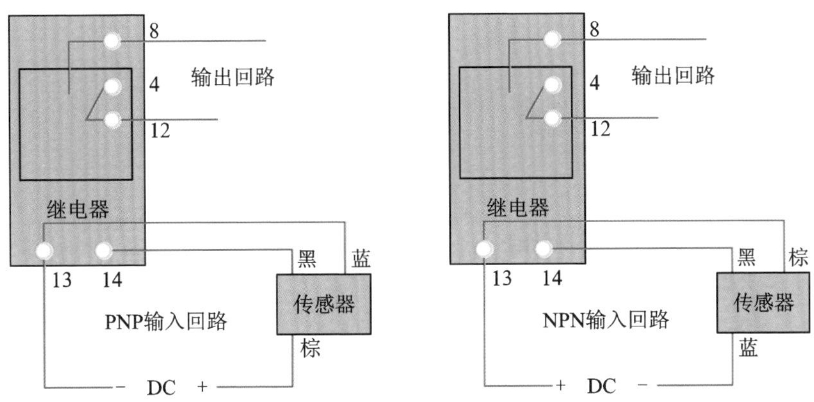

▲ 图 5-16 继电器连接图示

5.4 开关电路设计实例

1. 实验目标

用光电开关传感器去控制一个 LED 光源。

2. 实验材料

· PNP 光电开关传感器一个，额定电压 10～30 V

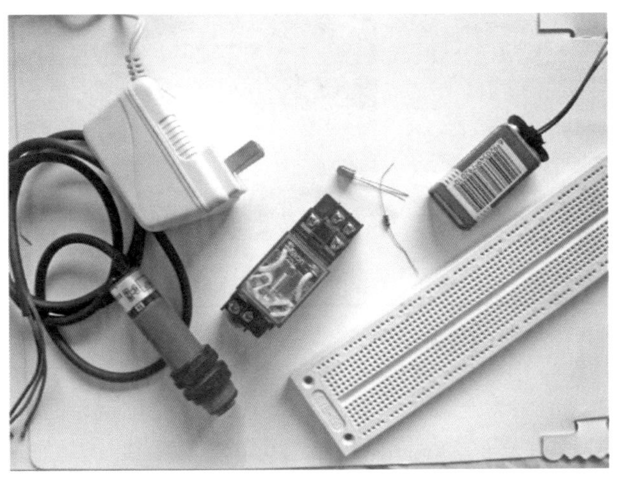

▲ 图 5-17 实验器材

· 继电器一个，额定电压 12 V
· 直流稳压源一个，12 V
· LED 一个，3 V、20 mA
· 电阻若干、面包板一个
· 电池一组，9 V

3. 实验步骤

1）输入电路设计

将开关传感器按 PNP 模式与继电器和 12 V 稳压电源连接在一起组成输入电路，如图 5-18 所示。传感器棕色线接电源正极，蓝色一端接电源负极，另一端接继电器 13 号端口，黑色信号线接继电器 14 号口。这里的电源利用了一个旧的直流稳压源，接头插口内部为正极、外部为负极。接好线路，打开电源开关，测试开关传感器的响应状态，当传感器有输入信号时，观察继电器内 LED 指示灯亮，电磁开关处于响应状态。

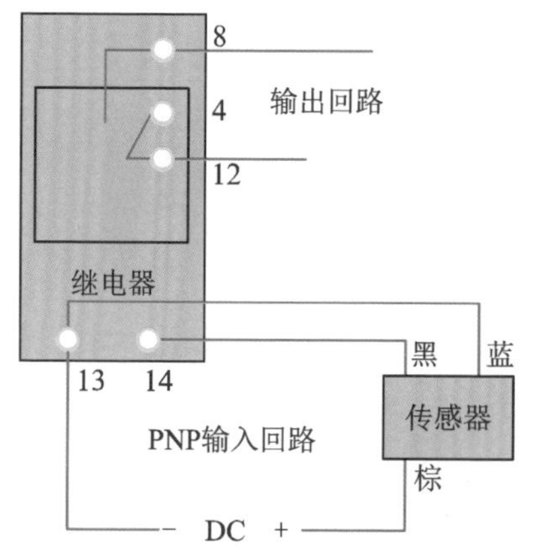

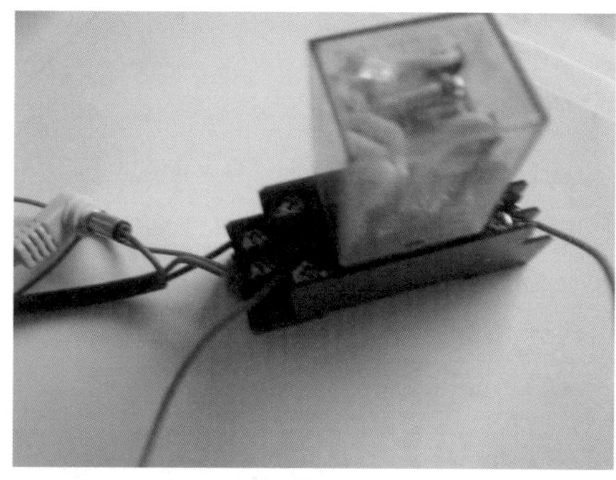

▲ 图 5-18 连接输入电路

2）输出电路设计

在继电器的输出电路上连接一个 LED 灯，为了避免过载，需要在电路中串入一个限流电阻，计算 LED 需要串联的电阻值：

$$(9-3)/0.02=300\ \Omega$$

将等于或稍大于 300 Ω 的电阻与 LED 灯和 9 V 的电池在面包板上组成输出电路。

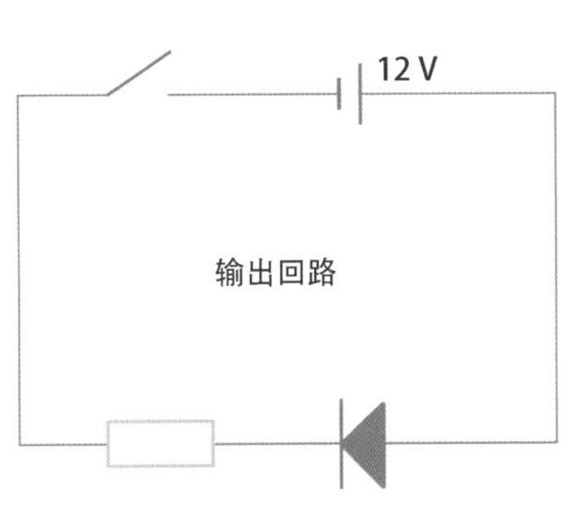

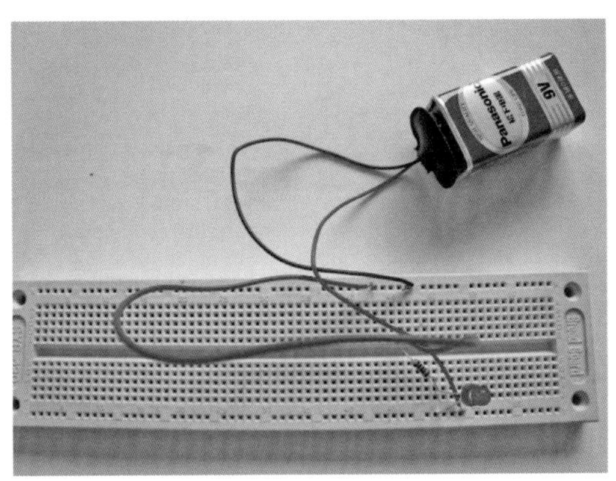

▲　图 5-19　输出回路电路图

3）与继电器连接

断开输出回路，将两端分别接到继电器的输出端子 8 和 12 上。

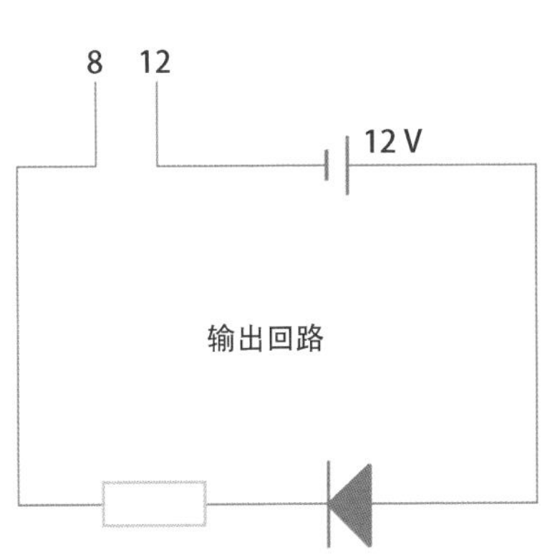

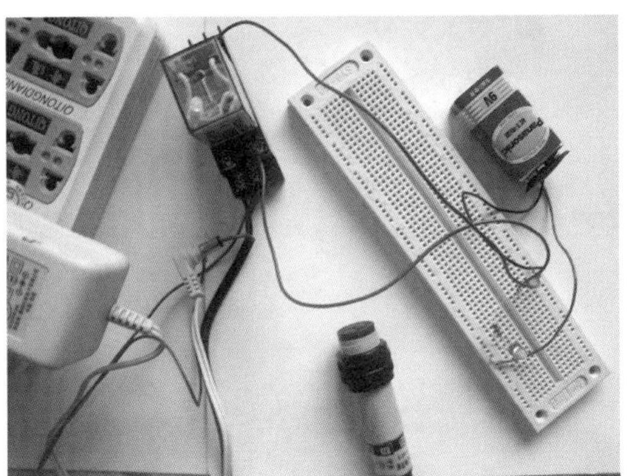

▲　图 5-20　输出回路与继电器连接图

4）测试

接通电源进行测试，当感应开关没有感应到物体时，LED 灯灭；而当其感应到物体时，LED 灯亮。

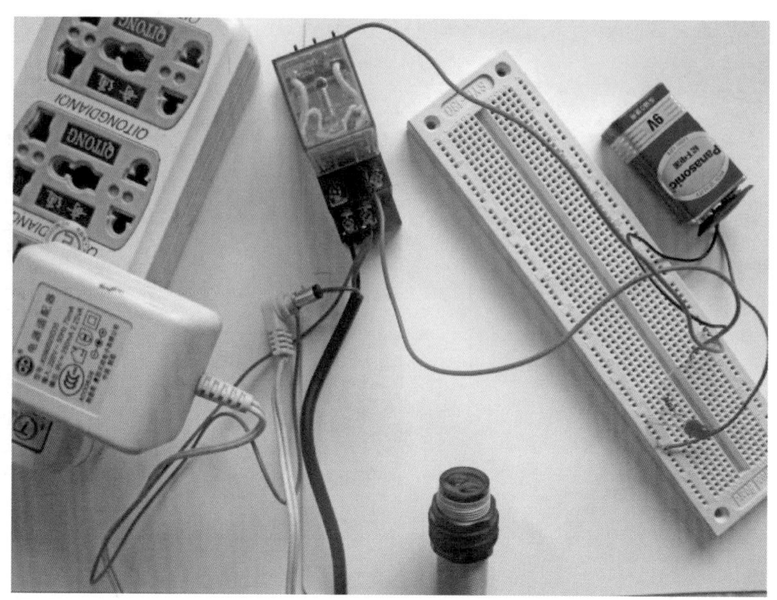

▲ 图 5-21 传感器未接收信号图

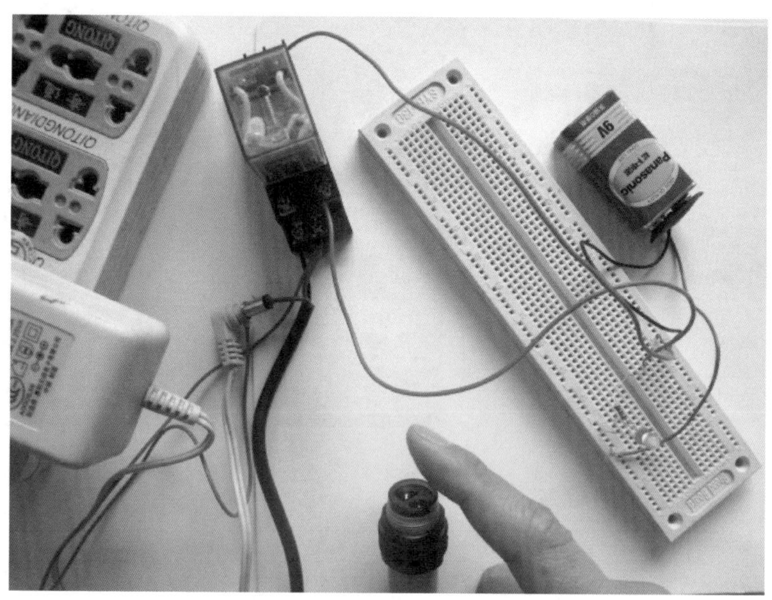

▲ 图 5-22 传感器接收信号并控制 LED 灯亮

5.5 单片机 Arduino

可供交互物理界面使用的单片机有很多种，本书选择了专门为交互艺术家、设计师开发的一款产品——Arduino 作为单片机法的代表产品，利用这款硬件进行物理界面设计开发，简单有效。

Arduino 是一块包含了微处理器的开源接口板，它为各类传感器与交互逻辑界面搭建了一条双向的数据传输通道，真正实现了虚拟世界与真实世界的双向沟通。Arduino 提供了各种物理界面设计方法，为交互设计带来更多的人机对话乐趣。

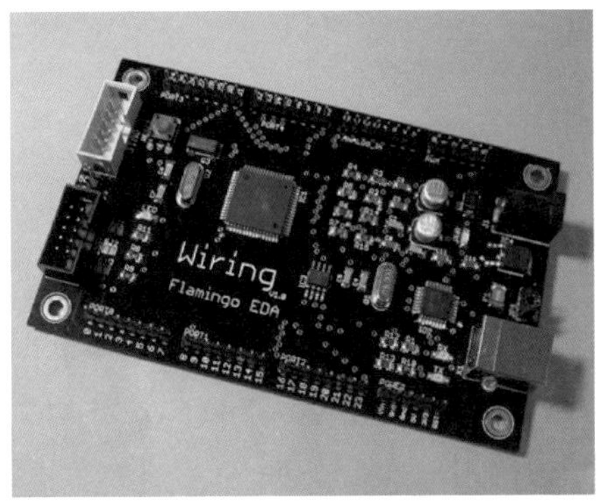

▲ 图 5-23 Arduino 与 Wiring

Arduino 板有数个模拟端口和数字端口，可以同时接收或输出多路信号。在计算机的 Arduino 开源编程软件中，编写程序来管理传输信号，并将编译好的程序烧录到 Arduino 的微处理器芯片上。配了外接电源的 Arduino 也可以作为一个微型计算机独立使用，Arduino 接收传感器发出的信号，经过微处理器的分析处理后，传输给计算机逻辑平台，或者直接控制连接到 Arduino 输出端口上的外部设备，如 LED 灯的开关或马达的转动。

基本版的 Arduino 所配端口有限，如需要更多的输出、输入端口，可选择其他同类产品，如 Wiring。Arduino 有多种型号可供选择，有外形只有硬币大小的迷你型，也有自带蓝牙功能的无线型等。根据设计需求，选择一款合适的型号可以给交互界面设计带来更大的自由度。

▲ 图 5-24　迷你 Arduino 和无线配套模块

1. Arduino 结构

标准的 Arduino 模块配有 6 个模拟输入口、13 个数字输入与输出口，其中有4～6 个端口可同时用于模拟信号的输出端口。Arduino 的供电方式主要有两种，一种是由计算机 USB 口供电，另一种是为 Arduino 提供 3.3 V、5 V、7～12 V 或 9～12 V 的外接电源供电。连接到 Arduino 的负载如果功率较小，也可直接借用 Arduino 电源，如果功率过高则需要另配独立电源供电。

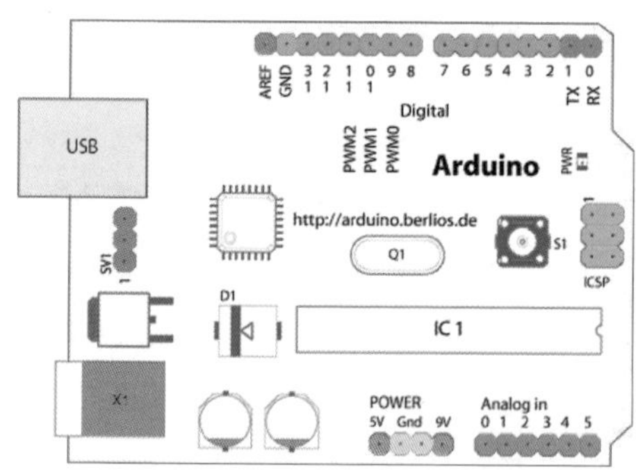

▲ 图 5-25　Arduino 结构示意图

2. Arduino 的硬件安装

Arduino 是一款开源的交互物理界面开发平台，需要先安装 Arduino 硬件和软件。

（1）Arduino 通过 USB 接口连入计算机。

（2）去官网 www. arduino. cc 下载相应的安装文件。

（3）运行安装软件，完成硬件驱动程序和开发环境的安装。

5.6　Arduino 编程基础

Arduino 核心元件是微处理器芯片，它负责管理端口、控制采集数据次序和频率，对所有数据的传输进行预处理等。所有控制功能都被写进程序，烧录到 Arduino 微处理芯片上，由芯片按程序设定对信号进行操作管理。

1. 编程环境

Arduino 的编程环境简单明了，由菜单栏、功能按钮区、源码编写区和信息反馈区组成。源码要先进行编译，结果会显示在信息反馈区中，通过编译的程序就可以被烧录到芯片中了。

其具体操作步骤如下：

（1）将 Arduino 与计算机相连，打开 Arduino 的软件编程环境；

（2）打开菜单工具＞端口，选择 Arduino 端口位置，如 COM3，这里需要注意的是，端口需要经常进行检查，因为每插拔一次连接线，端口都可能重新适配；

（3）打开菜单工具＞开发板，选择开发板型号，本书中选用的都是标准的 Arduino UNO 板；

sketch_nov13a
int ledPin = 13;　// Connect LED on pi
int KEY = 2;　// Connect Touch sensor
int a=1;
void setup(){
pinMode(ledPin, OUTPUT);　// Set ledPin to out
pinMode(KEY, INPUT);　//Set touch sensor pin
}
void loop(){
if(digitalRead(KEY)==CHANGE){　//Read Touch
a=a+1;
if(a%2==0){
digitalWrite(ledPin, HIGH);　// if Touch se

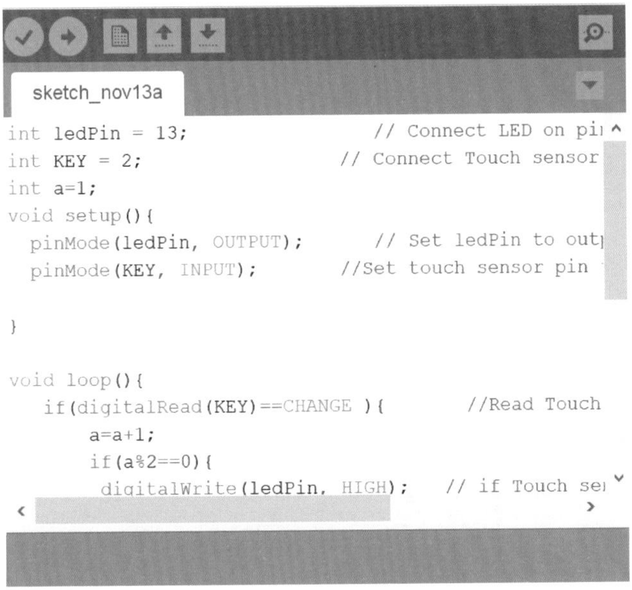

▲ 图 5-26　Arduino 软件界面

（4）在软件窗口里编写 Arduino 控制程序，点击第一个对号按钮键，对程序进行编译；

（5）如果编译正确，便可点击第二个按钮键，将这段程序上传到 Arduino 微处理器上；

（6）注意在上传过程中，可以看见 Ardunio 板子上 RX 和 TX 两个 LED 贴片一直在闪烁，表明信息在进行传递，在这个过程中请一定不要把 Ardunio 从电脑上拔下来，否则会导致硬件出错。

Arduino 模块可以被反复写入程序，以保证在不同的项目中可以重复使用。Arduino 编程语言是基于 C+ + 的简化版，Arduino 把单片机的相关参数设置函数化了，使用者们不需要了解单片机的硬件管理，也能轻松通过简单编程完成对单片机的控制。

2. Arduino 程序结构

以下是一个 HELLO 程序，让我们先来认识一下 Arduino 程序编写的基本规则吧。

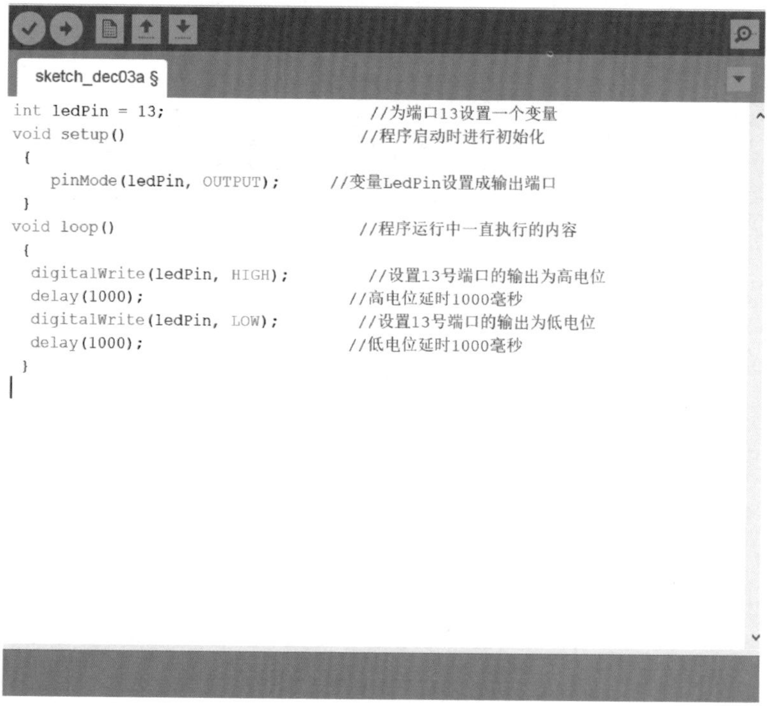

sketch_dec03a §

```
int ledPin = 13;                    //为端口13设置一个变量
void setup()                        //程序启动时进行初始化
 {
   pinMode(ledPin, OUTPUT);      //变量LedPin设置成输出端口
 }
void loop()                         //程序运行中一直执行的内容
 {
  digitalWrite(ledPin, HIGH);        //设置13号端口的输出为高电位
  delay(1000);                     //高电位延时1000毫秒
  digitalWrite(ledPin, LOW);        //设置13号端口的输出为低电位
  delay(1000);                     //低电位延时1000毫秒
 }
```

▲ 图 5-27　Arduino 的 HELLO 程序

这是一个最简单的 Arduino 程序，程序的设计目标是控制插在 13 号数字端口上的 LED 灯按每秒一次的频率闪烁。其硬件连线如图 5-28 所示。

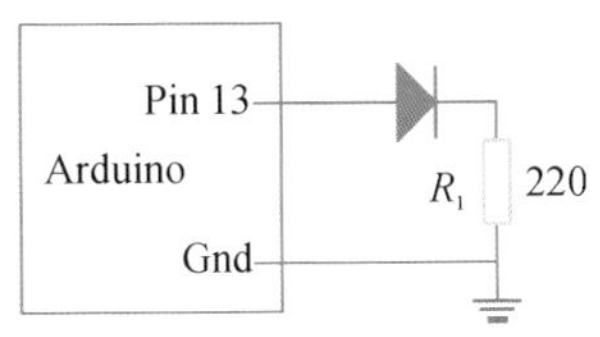

▲ 图 5-28 Hello 程序的物理连接图

从 Hello 程序中可以看出一个 Arduino 程序一般由以下三大部分组成：

（1）声明变量；

（2）Setup（）进行程序初始化，设置端口，只在程序开始时运行一次；

（3）Loop（）程序主干内容，循环运行。

3. 数字信号输入与输出

Arduino 既可以接收传感器发送的数字信号，也可发送数字信号控制外部设备，比如用开关类传感器控制一个 LED 灯的开关。

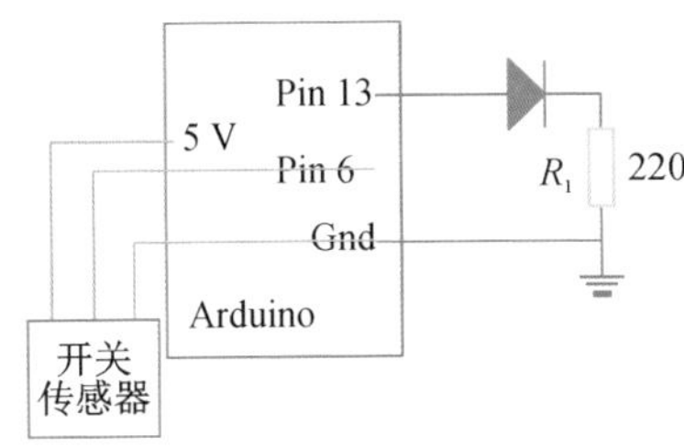

▲ 图 5-29 Arduino 数字输入与输出示意图

在这个例子里，有信号输入电路和输出控制电路。信号输入电路是将开关传感器接入 Arduino 的数字输入端口，这里的数字开关传感器有三根接线，两根电源线分别接到单片机的 5 V端口和 GND 接地端，信号线接到 6 号数字端口上。输出电路由 LED 灯珠和一个 220 Ω 的电阻串联而成，一端接地，一端接到 13 号数字端口上，用来控制 LED 灯的开或关。

```
sketch_dec03a §
int ledPin = 13;                    //定义13号端口
int inPin = 6;                      //定义6号端口
int val=0;                          //设置一变量，初值为0
void setup()
 {
  pinMode(ledPin, OUTPUT);          //把LedPin设置成输出端口
  pinMode(inPin.INPUT);             //把inPin设置成输入端口
 }
void loop()
 {
  Val=digitalRead(inPin);           //将输入端口值赋予变量val
  If (val==HIGH) {                  //当输入为高电位，开关传感器有信号
  digitalWrite(ledPin, HIGH);       //设置LED输出为高电位，灯亮
  }else{                            //当输入为低电位，开关传感器无信号
  digitalWrite(ledPin, LOW);        //设置LED输出为低电位，灯灭
   }
}
```

▲ 图 5-30 Arduino 数字输入与输出程序

在 setup 程序段中，digitalRead（）为读取数字端口输入信号的语句，读取 6 号端口的开关传感器输入的数据，再通过 digitalWrite（）数字端口写入语句控制连接在 13 号数字端口的 LED 灯的开和关。

在实际项目中，有时会用多个物理开关作为输入信号，这时如果还按上面的连接方式，输入电路会很累赘，这里我们来学习一种简单易用的方法——上拉电阻法。上拉电阻是利用微处理器内部的上拉功能替代外部上拉，上拉电阻法连接方便，将物理开关一端连接 GND，另一端连接到数字信号输入端，如图 5-31 所示。当按下按钮时，给信号端输入低电平，松开按钮后，输入恢复高电平。

▲ 图 5-31 上拉电阻法电路

可以看出上拉电阻法让物理连接更简单了，为了与连接相对应，在程序编写上也需要进行相应的改变：在 setup 初始化段落中，需要把端口的输入模式改成 INPUT_PULLUP，在循环程序段 loop 里把判断条件改成 LOW，当按下按钮时即可点亮 LED 灯，反之灯灭。上拉电阻法特别适合需要大量开关信号输入的项目。

4. 模拟信号输入与输出

在交互媒体物理界面设计中，除了数字信号，大多数时间需要处理的是像温度、湿度、亮度这些模拟信号，Arduino 也提供了模拟信号输入和输出的方法。

sketch_dec03a §

```
int ledPin = 13;                        //定义13号端口
int inPin = 6;                          //定义6号端口
int val=0;                              //设置一变量，初值为0
void setup()
 {
  pinMode(ledPin, OUTPUT);              //把LedPin设置成输出端口
  pinMode(inPin.INPUT_PULLUP);          //把inPin设置成上拉输入端口
 }
void loop()
 {
  Val=digitalRead(inPin);               //将输入端口值赋予变量val
  If (val==LOW) {                       //当输入为高电位，开关传感器有信号
  digitalWrite(ledPin, HIGH);           //设置LED输出为高电位，灯亮
  }else{                                //当输入为高电位，开关传感器无信号
  digitalWrite(ledPin, LOW);            //设置LED输出为低电位，灯灭
   }
}
```

▲　图 5-32　上拉电阻法编程

在下面例子中，我们用一个变阻器给 Arduino 发送模拟信号，信号通过 Arduino 传送给计算机串口，然后可以在串口监视器上看到输入的模拟信号数值。发送模拟信号的变阻器连接方式与数字信号相似，将左右两根电源线接到 5V 端口和 GND 端口，中间的信号线接到 Arduino 的 0 号模拟端口上，如图 5-33 所示。

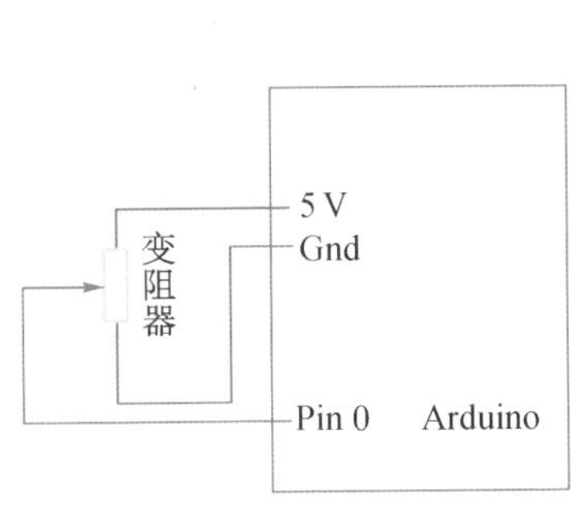

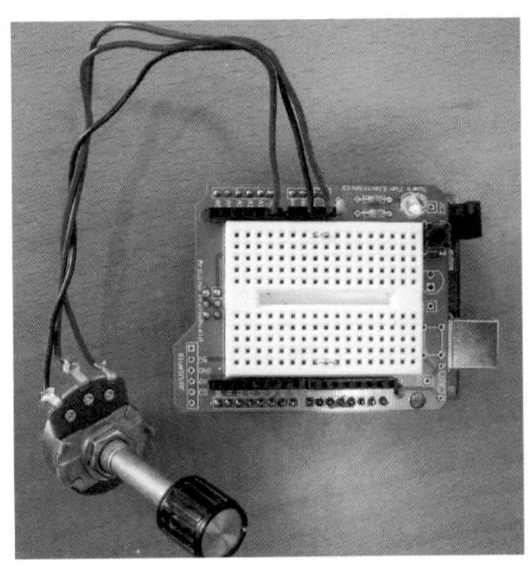

▲　图 5-33　Arduino 模拟输入示意图

程序中，Serial. begin（9600）语句用于设置串口波特率 9600 bit/s，analogRead（）用于读取模拟信号，Serial. print（val）是将读取出来的模拟信号数值传送到计算机串口。点选右上角 Serial Mornitor 串口监视器图标，打开串口监视器便可看到实时传输到串口的模拟信号数据。

sketch_dec03a §

```
int potPin = 0;                      //定义0号端口
int val = 0;                         //定义变量Val初值
void setup() {
Serial.begin(9600);                  //调用串口的速度9600bit/s
}
void loop() {
val = analogRead(potPin);            //读取0号模拟端口数据
Serial.print(val);                   //发送数据到串口
}
```

▲ 图 5-34　Arduino 模拟输入示意图

程序编译通过后，烧录到微处理器芯片中，Arduino 即可将采集的模拟信号实时地传输给计算机串口，在 Serial Mornitor 串口监视器里即可实时观察串口接收到的模拟信号数据，如图 5-35 所示。

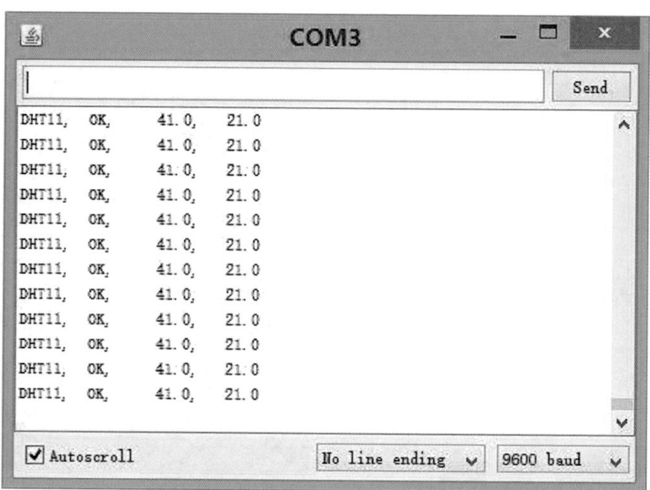

▲ 图 5-35　Arduino 串口监视器

Arduino 除了可以读取模拟信号数据，传输给计算机串口以供逻辑界面调用，还可以通过 Arduino 模拟输出端口控制模拟设备，如控制马达的转动或通过改变 LED 灯的电压调节其亮度效果等。

下面这个实例是用一个光敏传感器来控制模拟端口 LED 的亮度，电路如图 5-36 所示。

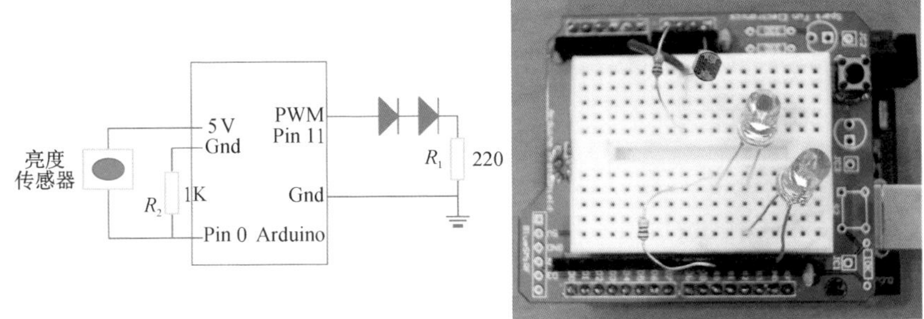

▲　图 5-36　光敏电阻调节 LED 亮度电路图

程序控制代码如图 5-37 所示，analogRead（）是采集 0 号模拟端口光敏电阻的信号，analogWrite（）是将信号传递给 11 号模拟信号端口，控制两个 LED 灯的亮度。

sketch_dec08a §

```
int potPin = 0;                    //定义0号端口
int ledPin = 11;                   //定义11号端口，11号为PWM端口
int val = 0;                       //定义变量Val初值
void setup() {
  pinMode(ledPin,OUTPUT);          //设置11号为输出端口
}
void loop() {
  val = analogRead(potPin);        //读取0号模拟端口数据
  analogWrite(ledPin,val);         //通过变量值改变LED亮度
}
```

▲　图 5-37　Arduino 模拟信号输入输出

Arduino 的编程较简单，容易掌握，由于本书篇幅所限，不做详细讲解。如需处理复杂设计，建议访问 Arduino 专业网站，获取更全面的信息。

第 6 章　交互界面设计方法

一般来讲，交互界面设计是由逻辑界面与物理界面共同完成的。计算机外设法和单片机法是交互项目物理界面创作最常用的两种方法。本章将依据这两种方法分别展开，介绍它们的设计原理，并学习如何配合逻辑界面编程软件来完成交互项目的综合创作。

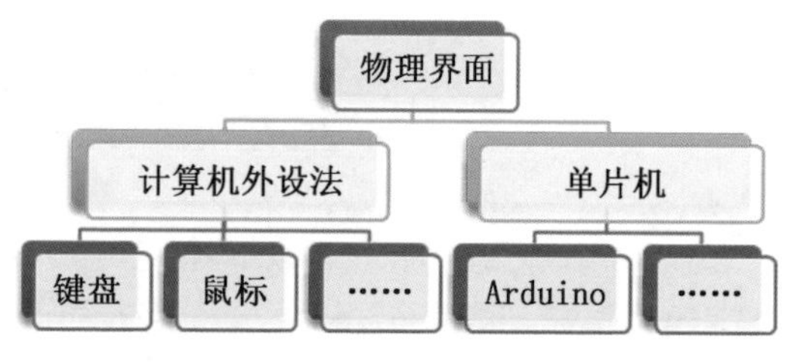

▲　图 6-1　交互物理界面设计方法

6.1　计算机外设法

计算机外设法是交互物理界面设计中最简单的一种创作方法，此方法的优点是硬件连接简单，逻辑界面软件编程方便，缺点是有一定的局限性。

1. 鼠标法

鼠标是计算机重要的外设，也是主要的损耗品，一些鼠标虽然按键功能基本完好，但因为灵敏度下降就被淘汰了，现在它们却可以在交互物理界面创作中发挥余热。

要想变废为宝，首先要对鼠标进行如下改造：

(1) 准备一个不用的鼠标，连接到计算机上，检查其按键功能是否完好，只要按键好用即可，移动不顺畅没关系；

(2) 从电脑上拔下鼠标，用螺丝刀将鼠标从背面拆开；

(3) 取出电路板，找到鼠标左按键开关的焊接点，在上面焊上两条导线；

(4) 把只有电路板的鼠标插在电脑上；

(5) 让按键开关上引出的两条导线连接或断开，看是否可以模拟鼠标左侧按键的功能；

(6) 如果鼠标功能完好，那么就可以开始下一步操作了。

▲ 图 6-2　在鼠标左键焊接点上引出两条导线

•交互项目实例•

虚拟与真实边缘

项目的交互方式为使用者直接操控真实世界的电灯开关，即可控制计算机逻辑界面里虚拟电灯的打开或关闭。

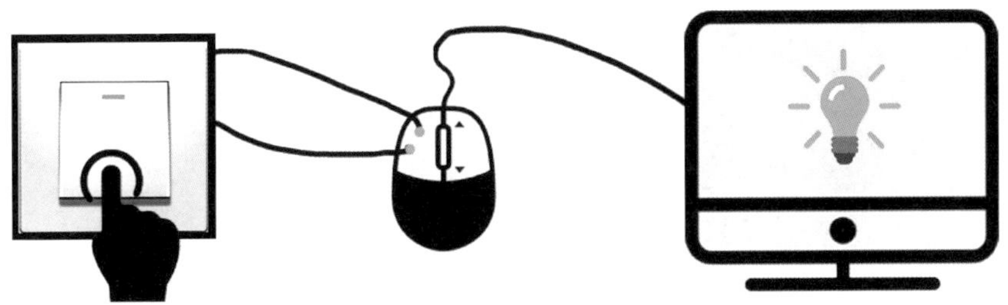

▲ 图 6-3　鼠标法物理界面设计

1) 物理界面设计

(1) 取一个普通的电灯开关；

(2) 将开关的两条引线与鼠标左键引出的两根导线相连；

(3) 用电灯开关模拟鼠标点击。

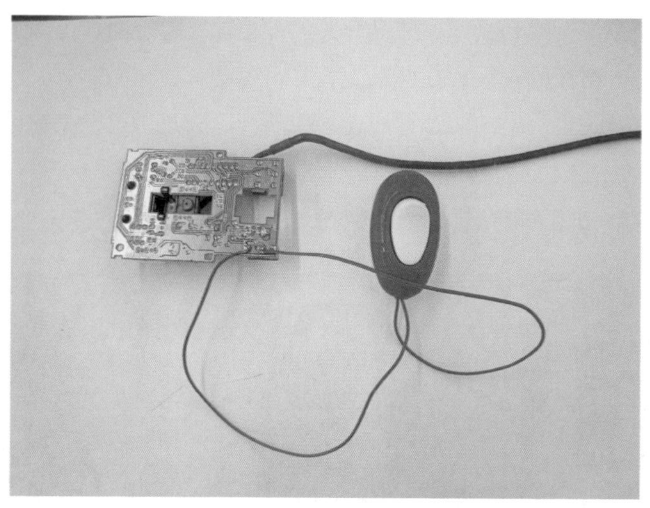

▲ 图 6-4 鼠标法应用实例

2）逻辑界面设计

（1）打开 Processing 编程软件，开启一个新的影片文件；

（2）准备两张图片：photoOn. jpg 和 photoOff. jpg，即一张关灯照片和一张开灯照片，图片尺寸和影片大小相同；

▲ 图 6-5 导入两张开、关灯状态的图片

（3）编写逻辑界面控制程序如图 6-6 所示，程序中用鼠标按下左键并且不松手语句来模拟真实电灯开关打开的状态，当条件符合时图片 lightOn. jpg 显示，否则显示图片 lightOff. jpg。

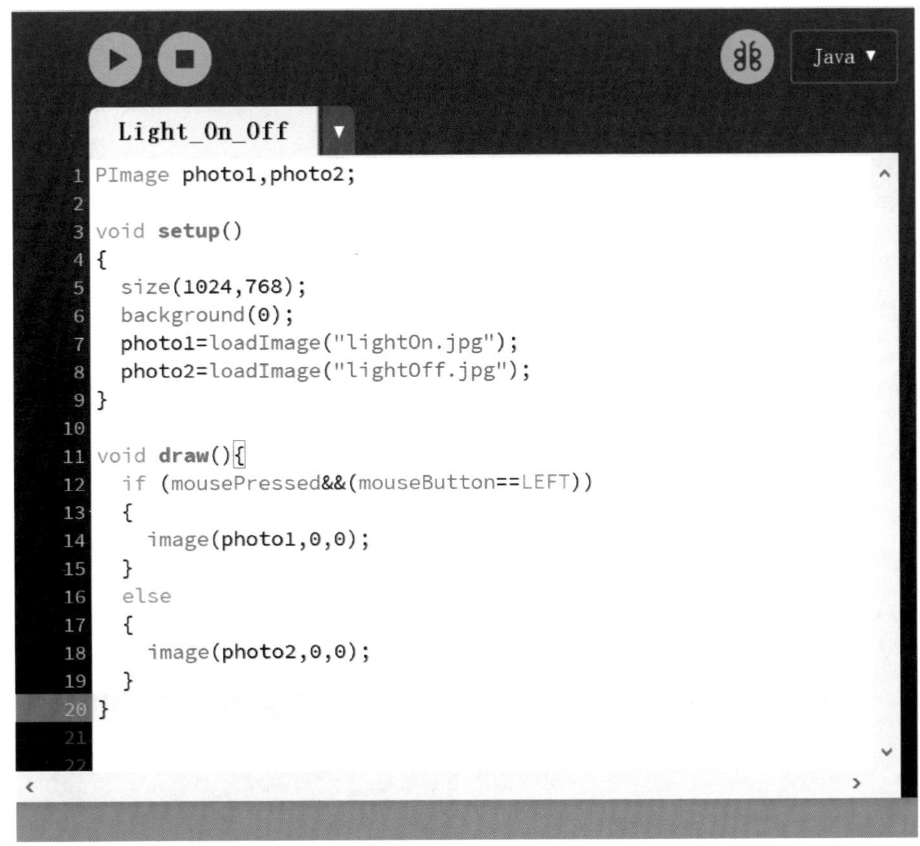
Java
Light_On_Off
PImage photo1,photo2;
void setup()
{
size(1024,768);
background(0);
photo1=loadImage("lightOn.jpg");
photo2=loadImage("lightOff.jpg");
}
void draw(){
if (mousePressed&&(mouseButton==LEFT))
{
image(photo1,0,0);
}
else
{
image(photo2,0,0);
}
}

▲ 图 6-6 Processing 程序设计

3）软硬件联调

（1）将改造后的鼠标插到电脑上；

（2）运行上面的 Processing 程序，便可用真实的电灯开关控制显示器上的影像了。

当然，为了让交互作品更有沉浸感，我们还可以对装置进行一些设计。比如：搭建一个空间，布置上实体电灯开关，当观众进入空间、按下电灯开关时，空白的空间就会出现虚拟房间场景的影像，模糊虚拟与现实的边界，给观众带来全新体验。

从这个例子可以看出，选择对鼠标改造来完成交互物理界面设计的方法，会极大降低物理界面和逻辑界面设计制作的难度。当然它的缺点也比较明显，除了只能局限于数字信号类型外，输入端口的数量也被限制了，但对于只需要采集一两个数字信号的交互项目，鼠标法一定是最佳的方案选择。

2. 键盘法

键盘同样是电脑重要的输入设备，也是易耗品之一，与鼠标一样，淘汰的键盘大多也只是个别按键失灵，但在交互物理界面设计上，却同样可以变废为宝。

要想变废为宝，要对键盘进行如下改造：

（1）准备一个还可以使用的旧键盘（局部按键坏了没关系）；

（2）从电脑上拔下键盘，翻转到背面，拆开键盘；

（3）在连线位置，小心地将控制电路板取出；

（4）把只有控制板的键盘接入计算机，打开电脑中的记事本文档；

（5）取一根导线，用手抓住两头，在控制电路板的金属触点上滑动，好的键盘可以在记事本上打出不同的字符，一般一个字符的输入是由两个触点连接完成的；

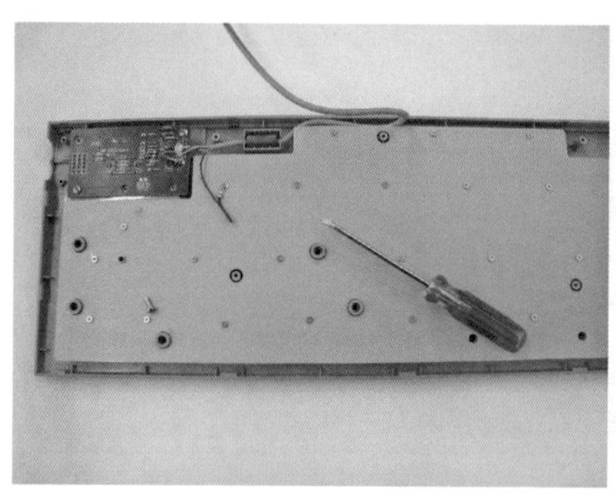

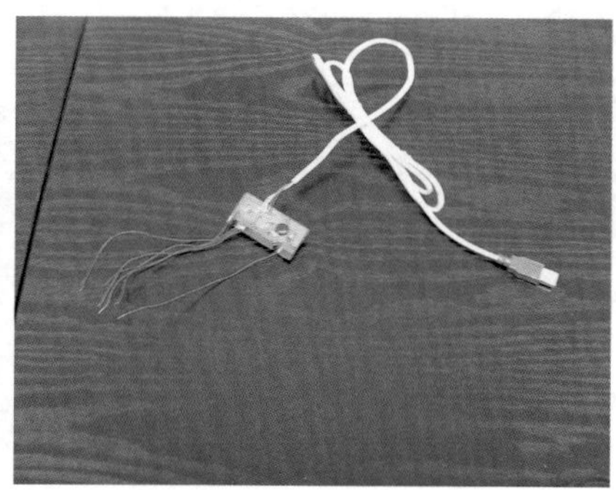

▲ 图 6-7 拆开键盘取出控制板

（6）记录多个字符的触点位置；

（7）断开键盘与计算机的连接；

（8）取两根导线，分别焊接在一个字符的两个触点上，以此类推，焊接上多条导线；

（9）再把键盘与计算机连接，测试两根导线连接的情况；

（10）准备一个光电传感器及与之配套的继电器；

（11）按上一章的方式，把光电传感器与继电器连接成输入电路；

（12）在输出电路处引出两条导线，分别连接到键盘引出的一对导线上；

（13）在电脑上打开记事本文档，触发光电传感器，每触发一次即可在记事本上打出一个字符。

•交互项目实例•

七音跳舞机

在空旷场地内放置 7 个红外线传感器，分别通过继电器与键盘控制板相连接，再由键盘将 7 个控制指令发送给逻辑界面软件，播放相应的音符，当游客在传感器间跳舞就会演奏出音乐。

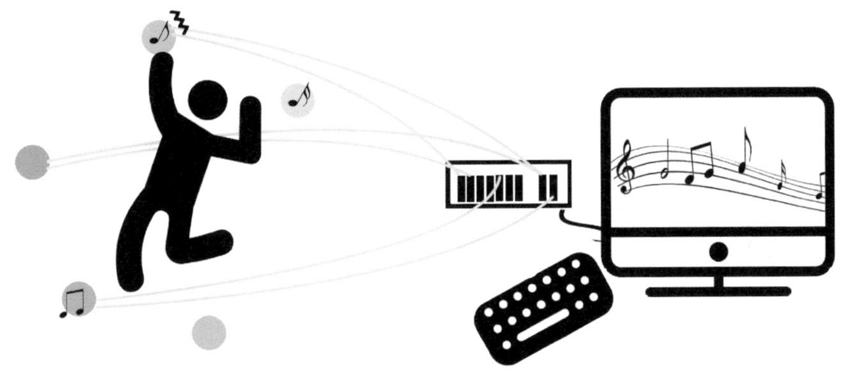

▲ 图 6-8 键盘法物理界面设计

1）物理界面设计

（1）取 7 个红外线传感器，依据场地情况，可依次固定在人运动所及的位置；

（2）取 7 组继电器，按上一章的方法，将传感器分别连接到继电器上；

（3）取一个拆开的键盘，在电脑上测试出 7 个不同符号，记录每个符号所需要连接的触点（为了焊接方便，最好多个符号可以共用一组触点）；

（4）将上面 7 个继电器的输出导线分别焊接到键盘的相应触点上；

（5）将键盘连接到电脑上，打开记事本，检查是否所有红外线传感器都能发送信号到电脑中，即触发传感器，看看记事本上是否会打出相应的字符；

（6）完成硬件工作。

2）逻辑界面设计

（1）用特效软件制作 7 段 MG 动画，分别为每段动画加一个声音 do、re、mi、fa、sol、la、si，存成 7 个视频文件；

（2）编写 Processing 程序代码，如图 6-9 所示。

```
import ddf.minim.*;
Minim minim;
AudioPlayer player1,player2,player3,player4,player5,player6,player7;

void setup()
{
  size(1024,768);
  background(0);
  minim = new Minim(this);
  player1 = minim.loadFile("1.wav");
  player2 = minim.loadFile("2.wav");
  player3 = minim.loadFile("3.wav");
  player4 = minim.loadFile("4.wav");
  player5 = minim.loadFile("5.wav");
  player6 = minim.loadFile("6.wav");
  player7 = minim.loadFile("7.wav");
}

void draw(){
  if ((keyPressed)&&(key=='A'))
  {
    player1.play();
  }
  if ((keyPressed)&&(key=='B'))
  {
    player2.play();
  }
  if ((keyPressed)&&(key=='C'))
  {
    player3.play();
  }
  if ((keyPressed)&&(key=='D'))
  {
    player4.play();
  }
  if ((keyPressed)&&(key=='E'))
  {
    player5.play();
  }
  if ((keyPressed)&&(key=='F'))
  {
    player6.play();
  }
  if ((keyPressed)&&(key=='G'))
  {
    player7.play();
  }
}
```

▲ 图 6-9 Processing 程序设计

3）软硬件联调

（1）布置一个场景环境，比如一个黑白钢琴键的台阶，或一个小舞台；

（2）把上面的 7 个红外传感器布置在相应的位置；

（3）将改造后的键盘连接到电脑上，运行 processing 程序；

（4）游客在传感器前舞动身体，触发传感器，信号便会传输到后台逻辑界面中播放相应的音符动画。

与鼠标法相比，键盘法最大的优势是可以接入更多的信号源，但这两种方法面临着相同的局限，就是不能接收模拟信号。虽然如此，计算机外设法仍然可以广泛应用在各种交互媒体项目创作中。比如交互艺术作品《神奇的桌子》，同样采用了键盘法，参观者翻开图书、打开台灯或拿起苹果，相应的数字信号就被传输给计算机，去控制逻辑界面中相关动画视频的播放。

▲ 图 6-10 交互艺术作品《神奇的桌子》

6.2 单片机方法

与计算机外设法相比，单片机法则完全打破了各种局限，可以帮助设计师无障碍地完成真实世界与虚拟世界的对话。

本书里主要使用 Arduino 系列单片机模块来进行交互物理界面设计，上一章中介绍了 Arduino 的基本操作方法，本章节中，我们同样从数字信号的输入输出、模拟信号的输入输出四个方面，结合逻辑界面设计软件 Processing，学习如何进行常规的交互界面设计项目创作。

1. 数字信号的输入

数字信号的输入是交互项目里最常见的一种交互情况，其工作原理为开关类传感器检测到物体经过，再通过单片机将这个信号传输给电脑端口，交互逻辑软件再去电脑端口读取数据，来控制虚拟场景。

1）Arduino 的连接

（1）选择两个开关传感器，可按 5.6.3 小节所述进行电路连接；

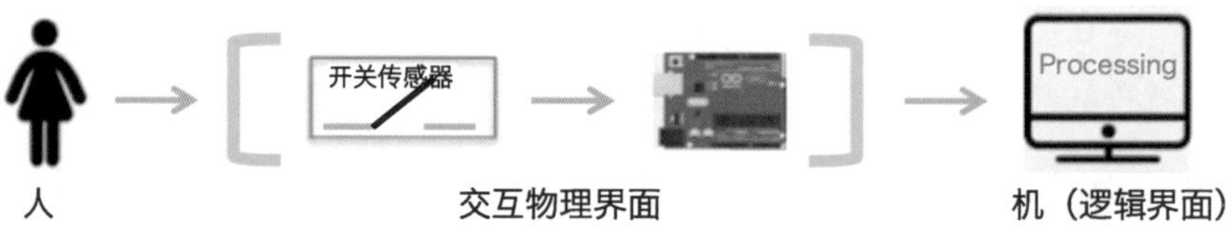

▲ 图 6-11 数字信号的输入

(2) 将传感器的信号端接到 Arduino 的 7 号和 8 号数字输入端；

(3) 编写 Arduino 程序代码如图 6-12 所示；

```
sketch_dec09b §
int switchPin7 = 7;
int switchPin8 = 8;

void setup() {
  pinMode(switchPin7, INPUT);
  pinMode(switchPin8, INPUT);
  Serial.begin(9600);       // 设置串口传输率9600
}

void loop() {
  if (digitalRead(switchPin7) == HIGH) {
    Serial.write(50);       // 发送50给计算机串口
  }else if(digitalRead(switchPin8) == HIGH)
  {
    Serial.write(100);     //发送100给计算机串口
  } else{
    Serial.write(0);       //发送0给计算机串口
  }
    delay(50);
}
```

▲ 图 6-12 数字信号的输入 Arduino 编程实例

(4) Serial. write () 也是串口的写入命令，与前面 Serial. print () 的区别是 Serial. print () 发送的是字符、Serial. write () 发送的字节，Serial. print 传输给串口监视器的是字符、而 Serial. write () 发送给串口的是字节，当需要给逻辑平台传输数字的时候，要用 Serial. write ()；

(5) 编译通过，上传到 Arduino。

2）Processing 的编码

（1）打开 Processing，创建一个新文件；

（2）编写程序代码如图 6-13 所示；

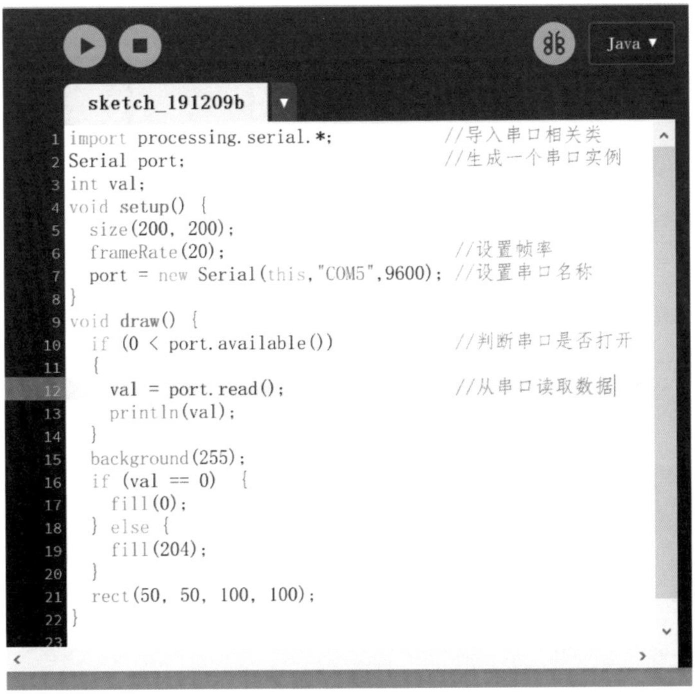

```
sketch_191209b
import processing.serial.*;              //导入串口相关类
Serial port;                             //生成一个串口实例
int val;
void setup() {
  size(200, 200);
  frameRate(20);                          //设置帧率
  port = new Serial(this,"COM5",9600);   //设置串口名称
}
void draw() {
  if (0 < port.available())               //判断串口是否打开
  {
    val = port.read();                    //从串口读取数据
    println(val);
  }
  background(255);
  if (val == 0)  {
    fill(0);
  } else {
    fill(204);
  }
  rect(50, 50, 100, 100);
}
```

▲ 图 6-13　数字信号的输入 Processing 编程实例

（3）port 是一个串口实例，需要指定要读取的串口名和波特率，这两个都需要和 Arduino 里的设置相同，比如：Arduino 通过 COM5 串口传输数据，波特率为 9 600，那 Processing 里也要指定 COM5 和 9 600；

（4）port. read（）指从串口读取数据；

（5）这里设置了一个 200×200 像素的场景；

（6）读取串口数据，并根据数据为一个矩形填充相应的灰度。

3）软硬件联调

（1）运行 Processing 程序；

（2）分别点按两个硬件开关，观察 Processing 软件界面变化，可以看到当不操作任何按钮时，显示器上的矩形是黑色的，按任何一个按钮时，方块都显示为灰色。

2. 数字信号的输出

数字信号的输出是通过控制交互项目逻辑界面的虚拟按钮，将信号传输到计算机串口，然后再通过单片机 Arduino，控制连接在上面的 LED 灯或电机等。

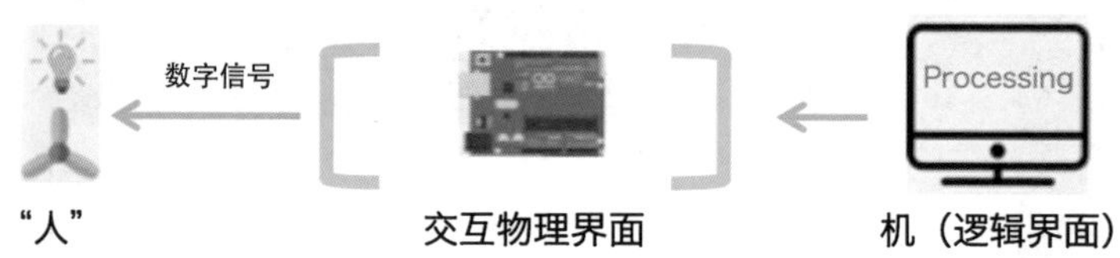

▲ 图 6-14 数字信号的输出

1）Processing 的编码

（1）打开 Processing，创建一个新文件；

（2）编写程序代码如图 6-15 所示；

```
import processing.serial.*;            //导入串口相关类
Serial port;                            //生成一个串口实例

void setup() {
  size(200, 200);
  noStroke();
  frameRate(20);
  port = new Serial(this,"/dev/tty.usbmodem14111",9600); //设置串口名称（IOS系统）
}

void draw() {
  background(255);
  if (mouseOverRect() == true)  {       // 鼠标经过矩形上方
    fill(204);
    port.write('H');                    //发送“H”给串口
} else {                                // 鼠标不在矩形上方
    fill(0);
    port.write('L');                    // 发送“L”给串口
  }
  rect(50, 50, 100, 100);
}

boolean mouseOverRect() {
  return ((mouseX >= 50) && (mouseX <= 150) && (mouseY >= 50) && (mouseY <= 150));
}
```

▲ 图 6-15 数字信号的输出 Processing 编程实例

(3) 注意这里 port 的名称是一长串字符，这是 Mac OS 系统的串口名；

(4) port. write () 表示逻辑界面给计算机串口发送信息；

(5) 判断语句的含义是当鼠标在矩形上方时就给矩形填充灰色，并向串口发送字符串 H，否则就给矩形填充黑色，发送字符串 L 给串口。

2) Arduino 的连接

(1) 给 Arduino 数字端口 13 接入一组 LED 灯和电阻电路；

(2) 编写 Arduino 程序代码如图 6-16 所示；

(3) 在 Arduino 中读取串口数据，如果是 H，则让 LED 灯点亮，否则熄灭。

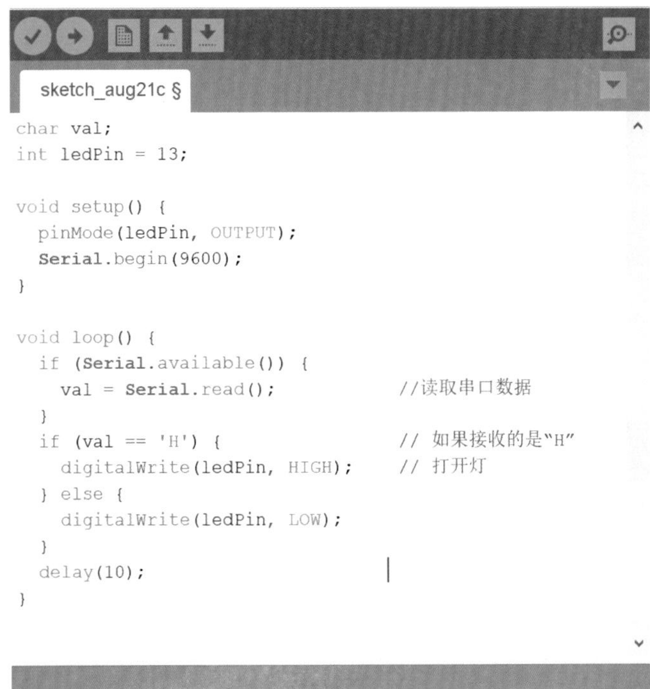
sketch_aug21c §
char val;
int ledPin = 13;
void setup() {
pinMode(ledPin, OUTPUT);
Serial.begin(9600);
}
void loop() {
if (Serial.available()) {
val = Serial.read(); //读取串口数据
}
if (val == 'H') { // 如果接收的是"H"
digitalWrite(ledPin, HIGH); // 打开灯
} else {
digitalWrite(ledPin, LOW);
}
delay(10);
}

▲　图 6-16　数字信号的输出 Arduino 编程实例

3) 软硬件联调

(1) 连接好硬件；

(2) 运行 Processing 程序；

(3) 把鼠标移动到矩形块上，与 Arduino 相连的 LED 灯会亮，反之把鼠标移到矩形块外，LED 灯会灭。

3. 模拟信号的输入

模拟信号的输入是交互项目里更为常用的设计类别，环境温度、湿度与亮度等模拟信号被采集后，通过 Arduino 传给计算机串口，逻辑界面编程软件实时地读取串口相应的数据，来实现软件的各种应用功能。

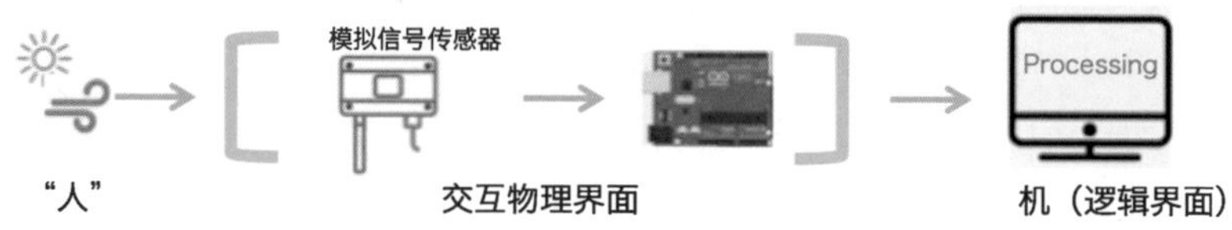

▲ 图 6-17 模拟信号的输入

1）Arduino 的连接

(1) 选择一个模拟信号传感器，比如湿度传感器；

(2) 将其信号端连接到 Arduino 的 0 号模拟端口；

(3) 另外两条线连接到电源；

(4) 编写 Arduino 程序代码如图 6-18 所示；

(5) 和前面一样，把采集的信号用 serial. write () 语句传输到计算机串口。

```
sketch_dec22a §
int sensorPin = A0;
int sensorValue = 0;

void setup() {
  Serial.begin(9600);
}

void loop() {
  //读取模拟传感器的信号，并将其从0-1024 转换到0-255区间范围
  sensorValue = analogRead(sensorPin)/4;
  Serial.write(sensorValue);                // 将数值写入串口
  delay(100);
}
```

▲ 图 6-18 模拟信号的输入 Arduino 编程实例

2）Processing 的编码

（1）打开 Processing，创建一个新文件；

（2）编写程序代码如图 6-19 所示；

（3）导入一张图片；

（4）根据串口读取的实时模拟信号控制图片的色调。

```
sketch_191222a
import processing.serial.*;
Serial port;
float val;
PImage photo;

void setup() {
  size(800, 614);
  photo=loadImage("aa.jpg");
  port = new Serial(this,"/dev/tty.usbmodem14111",9600);
}

void draw() {
  background(0);
  if (port.available()>0) {
    val = port.read();        // 读取串口数据
  }
    // 根据串口传入的数据重新设置图片的色调
  tint(255-val);
  image(photo,0,0);         //显示图片
}
```

▲　图 6-19　模拟信号的输入 Processing 编程实例

3）软硬件联调

（1）连接好硬件；

（2）上传 Arduino 程序；

（3）运行 Processing 程序；

（4）对着湿度传感器吹气，可以看到图片的色调会随着吹气的力度而发生变化。

4. 模拟信号的输出

模拟信号的输出是指用交互逻辑界面发送的数据信号，通过单片机传输给连接在

上面的舵机，实时地调整其旋转角度。

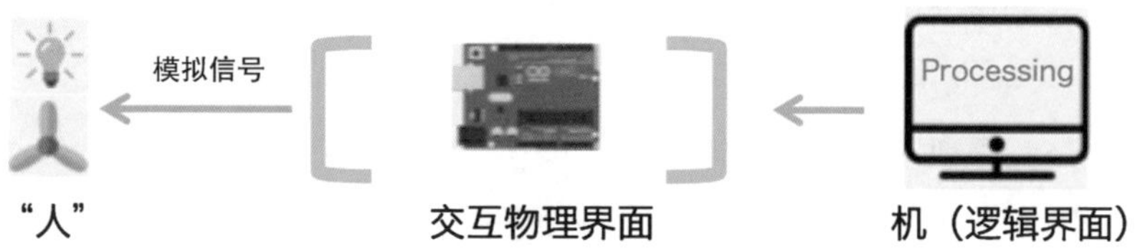

▲　图 6-20　模拟信号的输出

1）Processing 的编码

（1）打开 Processing，创建一个新文件；

（2）编写程序代码如图 6-21 所示；

（3）这是一个用鼠标控制移动滑竿的程序，可以通过移动鼠标来移动滑竿上的小红点，系统会实时地将小红点的刻度数据输出到计算机串口。

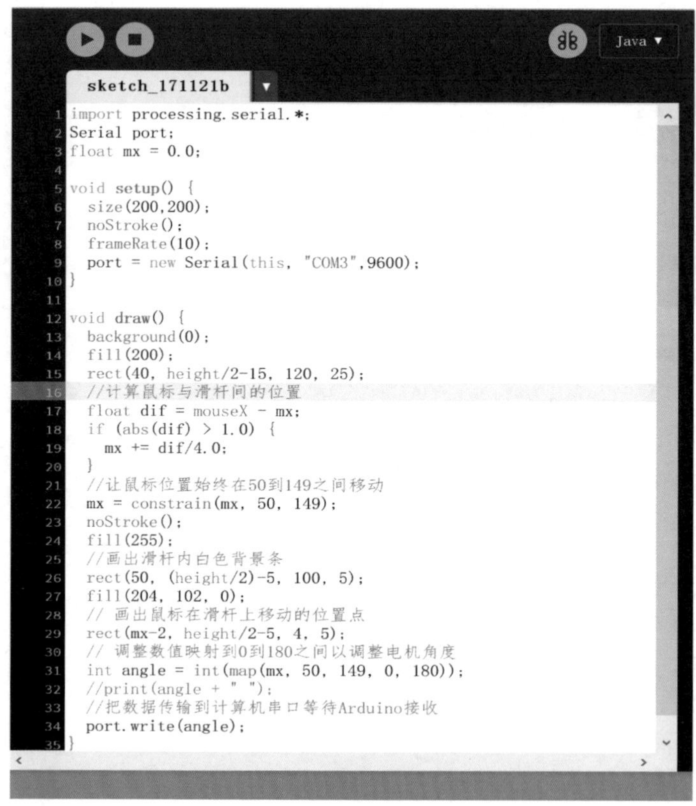


```
import processing.serial.*;
Serial port;
float mx = 0.0;

void setup() {
  size(200,200);
  noStroke();
  frameRate(10);
  port = new Serial(this, "COM3",9600);
}

void draw() {
  background(0);
  fill(200);
  rect(40, height/2-15, 120, 25);
  //计算鼠标与滑杆间的位置
  float dif = mouseX - mx;
  if (abs(dif) > 1.0) {
    mx += dif/4.0;
  }
  //让鼠标位置始终在50到149之间移动
  mx = constrain(mx, 50, 149);
  noStroke();
  fill(255);
  //画出滑杆内白色背景条
  rect(50, (height/2)-5, 100, 5);
  fill(204, 102, 0);
  // 画出鼠标在滑杆上移动的位置点
  rect(mx-2, height/2-5, 4, 5);
  // 调整数值映射到0到180之间以调整电机角度
  int angle = int(map(mx, 50, 149, 0, 180));
  //print(angle + " ");
  //把数据传输到计算机串口等待Arduino接收
  port.write(angle);
}
```

▲　图 6-21　模拟信号的输出 Processing 编程实例

2）Arduino 的连接

（1）在 Arduino 的 9 号数字端口接上一个小舵机；

（2）编写程序代码如图 6-22 所示；

（3）Arduino 实时接收计算机串口数据来控制电机的旋转角度。

sketch_aug22a §

```
#include <Servo.h>
Servo myservo;
int val = 0;

void setup() {
  myservo.attach(9);
  Serial.begin(9600);
}

void loop() {
  if (Serial.available()) {
    val = Serial.read();
  }
  myservo.write(val);
  delay(15);
```

▲ 图 6-22　模拟信号的输出 Arduino 编程实例

3）软硬件联调

（1）连接好硬件；

（2）上传 Arduino 程序；

（3）运行 Processing 程序；

（4）用鼠标移动虚拟的滑竿，观察对电机旋转角度的影响；

（5）可以看到滑竿的一个移动周期正好可以控制舵机转动 180°。

第四部分 交互界面设计实践

物理界面创作实践

交互综合界面创作

第 7 章　物理界面创作实践

物理界面设计应用范围广泛，在教学中，可以让学生自选主题，也可以由教师指定一个专题来展开教学实践，两种方法都是基于相同的技术手段和知识点，但后者更有针对性，容易聚焦当前行业热点，有利于培养学生敏锐的设计思维。

本章将根据不同的设计主题介绍一些具体的教学实践案例，帮助大家更好地理解交互物理界面设计手段与设计方法。

7.1　“要有光”交互灯具设计

随着数字与信息技术的成熟，智能家居开辟出了一片新天地，其中智能灯具设计已成为智能家居行业发展最快、产品化水平最高的领域之一。运用信息科学与交互技术设计的智能灯具，给用户带来了充满艺术品位和情感沉浸的人性化生活体验。智能灯具商品类别齐全、市场化程度高，具有光明的商业发展前景。

本次课程的主题是“要有光”交互灯具设计，希望通过实践创新，设计一批有丰富文化内涵的交互灯具产品，提升人们的文化生活品质。

•交互灯具设计•

星　空

- **小组成员**：杨璨榕、刘屹、陈若凡、茅轶婧。
- **制作材料**：Arduino UNO、LED 若干、光线传感器、卡纸等。
- **设计主题**：现今光污染情况严重，特别是在大城市的夜晚，抬头仰望，很少能看到璀璨的星空。本设计为那些在都市辛苦拼搏的夜行者们创造了一片属于自己的小小“星空”，让人们关注光污染的危害，树立环保低碳的生活理念。

交互方式

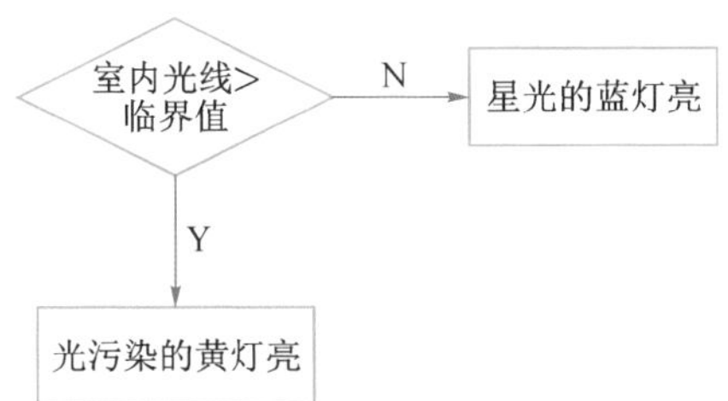

外观设计

物理界面设计

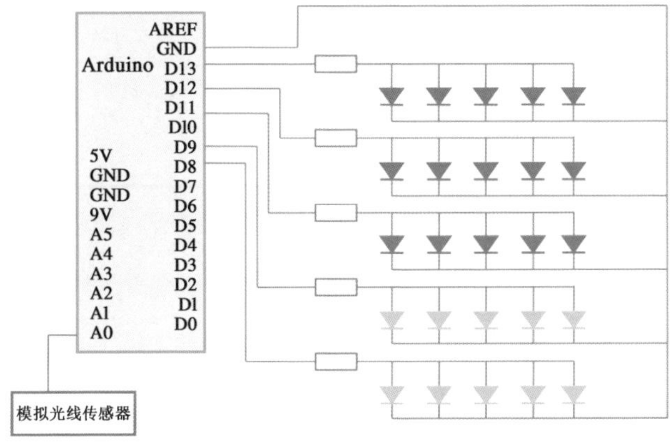

程序设计

//Arduino 程序设计：

```
int LEDPina = 13;
int LEDPinb = 12;
int LEDPinc = 11;
int LEDPind = 9;
int LEDPine = 8;
int val = 0;
int valnew;

void setup () {
Serial. begin (9600);
for (int i = 11; i<14; i++)
{
  pinMode (i, OUTPUT);
}
  pinMode (LEDPind, OUTPUT);
  pinMode (LEDPine, OUTPUT);
}
void loop () {
  val = analogRead (0);
  valnew = map (val, 131, 141, 0, 200);
  Serial. println (valnew); //将读取的数值显示在 serialmonitor 上
  if (valnew < 20) {
  for (int i = 11; i<14; i++) {
    digitalWrite (i, LOW);
    }
  digitalWrite (LEDPind, HIGH);
  digitalWrite (LEDPine, HIGH);
  delay (100);
} else {
for (int i = 11; i<14; i++) {
    digitalWrite (i, HIGH);
    }
  digitalWrite (LEDPind, LOW);
  digitalWrite (LEDPine, LOW);
  delay (100);
  }
}
```

• 交互灯具设计 •

蚊　　子

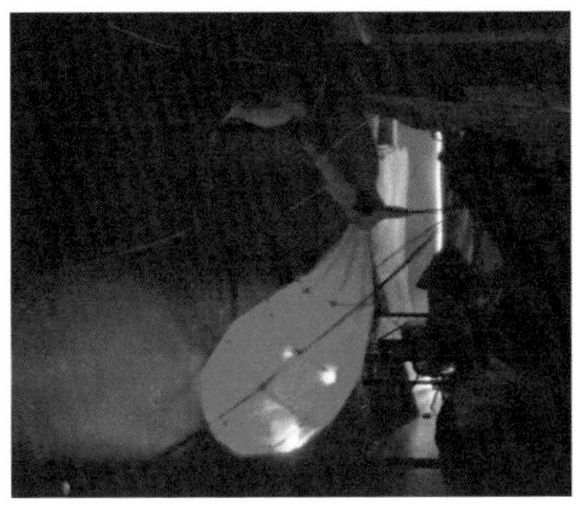

- **小组成员：** 余欢、李艳、姜梦鲁、黄玉琼。
- **制作材料：** Arduino、LED 若干、红外传感器、舵机、铁丝、油泥等。
- **设计主题：** 一只超级大蚊子，当你走近它，它就会让你看到它振动的翅膀、一闪一闪的血红肚子，这个夏天你过得安稳吗？

交互方式

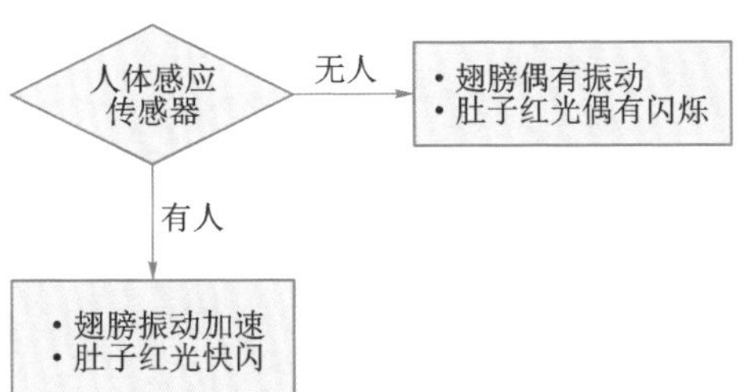

外观设计

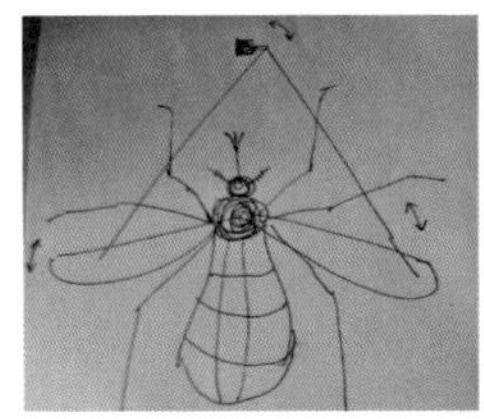

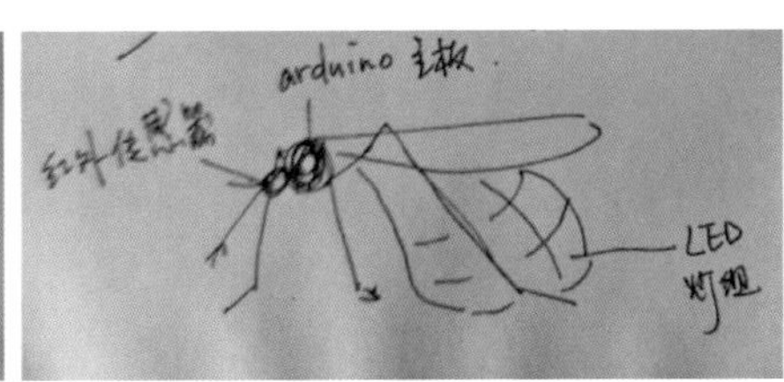

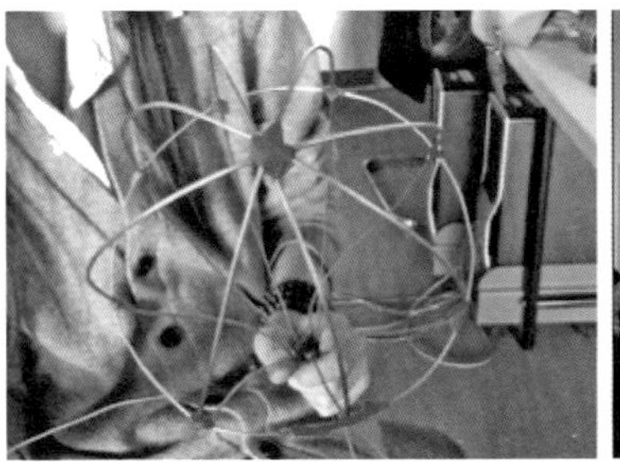

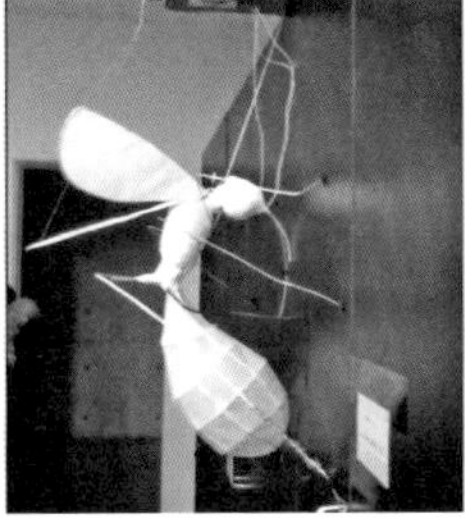

物理界面设计

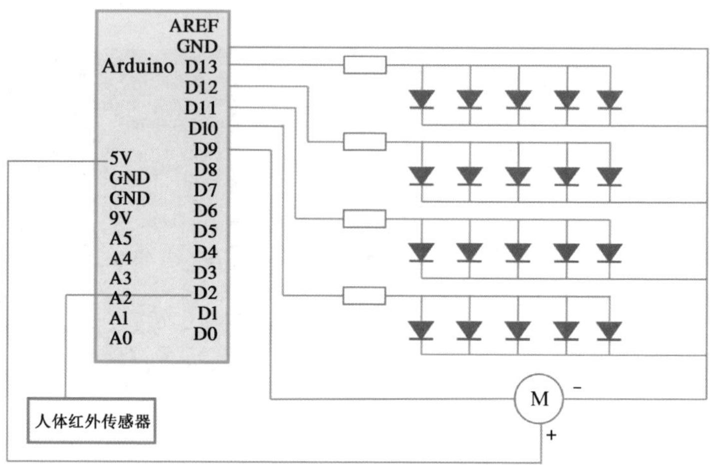

程序设计

```
//Arduino 程序设计：

#include <Servo. h>              //声明调用 Servo. h 库
Servo myservo;                   // 创建一个舵机对象
int pos = 0;                     //变量 pos 用来存储舵机位置
int switchPin = 2;
int value = 0;

void setup () {
myservo. attach (9);
for (int i=10; i<14; i++)
{
  pinMode (i, OUTPUT);
}
}
void loop () {
 value = digitalRead (switchPin);
  if (value == HIGH) {
```

```
//有人经过时，让舵机运动的幅度提升，红光闪烁频率升高
  for (pos = 0; pos < 180; pos + =5) {
      myservo. write (pos);
      delay (15);
   }
    for (pos = 180; pos>=1; pos- =5) {
       myservo. write (pos);
       delay (15);
   }
for (int i=11; i<14; i++) {
       digitalWrite (i, HIGH);
       delay (200)
          }
for (int i=11; i<14; i++) {
       digitalWrite (i, LOW);
       delay (200)
        }
} else {
//无人经过时，让舵机运动的幅度大大降低，红光闪烁频率降到最低
for (pos = 0; pos < 180; pos + =5) {
       myservo. write (pos);
       delay (500);
   }
     for (pos = 180; pos>=1; pos- =5) {
        myservo. write (pos);
        delay (500);
     }
        for (int i=11; i<14; i++) {
        digitalWrite (i, HIGH);
        }
        delay (50)
for (int i=11; i<14; i++) {
        digitalWrite (i, LOW);
        }
        delay (800)
  }
}
```

• 交互灯具设计 •

转　城

· **小组成员**：Johannes Deich、陈子文、顾梦倩、张茜茜、陈宇晖、Lara Fong。

· **制作材料**：Arduino、灯泡、红外传感器、五线四相步进电机及驱动控制板、纸板等。

· **设计主题**：小小的走马灯，简单地加上了交互的元素，整个魔都就在你的眼前，随着城市的天际线游走，你的情绪是会跟着飘向过往的岁月还是畅想无限可能的未来呢？

交互方式

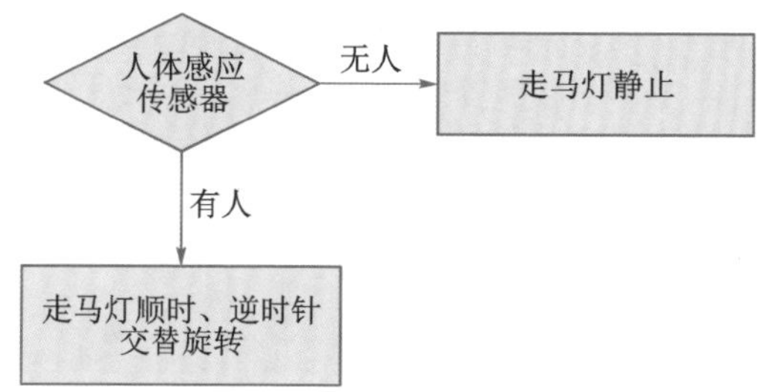

外观设计

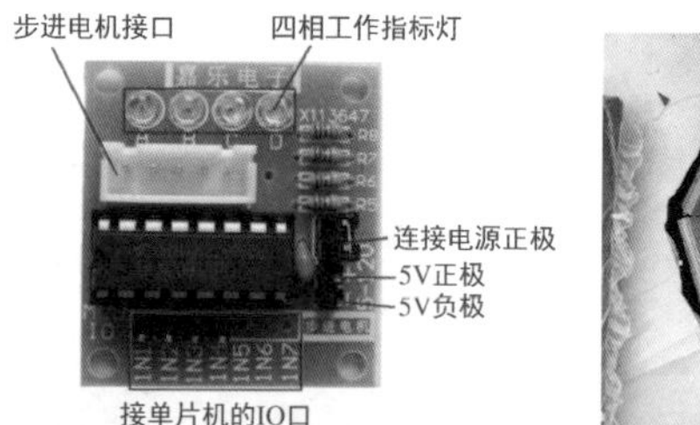

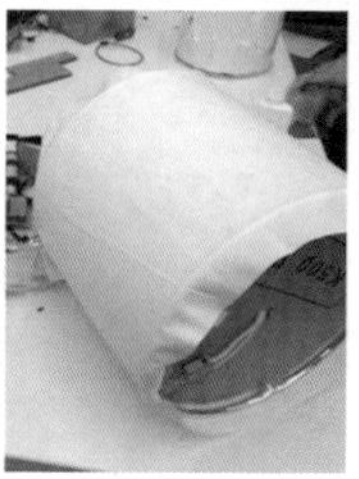

物理界面设计

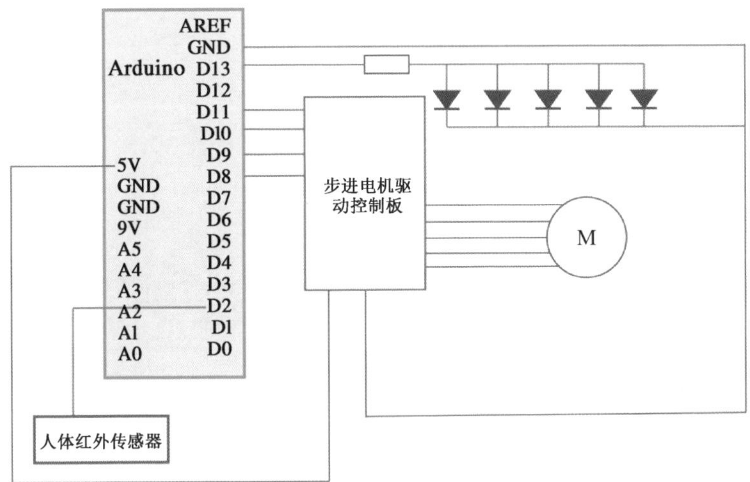

程序设计

//Arduino 程序设计：

```
const int motor1= 8;
const int motor2= 9;
const int motor3= 10;
const int motor4= 11;
const int sensor= 2;
unsigned int motorSpeed= 5;
unsigned int motorTurnDirection= 1;
unsigned int motorPos= 1;
unsigned int sensorValue;
unsigned int sensorValueSave = 9;

void setup () {
```

```
    pinMode (motor1, OUTPUT);
    pinMode (motor2, OUTPUT);
    pinMode (motor3, OUTPUT);
    pinMode (motor4, OUTPUT);
    pinMode (sensor, INPUT);
}

void motorStop () {
    digitalWrite (motor1, LOW);
    digitalWrite (motor2, LOW);
    digitalWrite (motor3, LOW);
    digitalWrite (motor4, LOW);
}

void motorMove (int input) {
    motorStop ();
    switch (input) {
    case 1:
        digitalWrite (motor1, HIGH);
        break;
    case 2:
        digitalWrite (motor2, HIGH);
        break;
    case 3:
        digitalWrite (motor3, HIGH);
        break;
    case 4:
        digitalWrite (motor4, HIGH);
        break;
```

```
    }
    delay (motorSpeed);
}

void motorMovePlus () {
    if (motorPos == 4) {
        motorPos = 1;
    } else {
        motorPos++;
    }
    motorMove (motorPos);
}

void motorMoveMinus () {
    if (motorPos == 1) {
        motorPos = 4;
    } else {
        motorPos--;
    }
    motorMove (motorPos);
}

void changeTurnDirection () {
    if (motorTurnDirection == 1) {
        motorTurnDirection = 0;
    } else {
        motorTurnDirection = 1;
    }
}

void loop () {
```

```
    sensorValue = digitalRead (sensor);
    if (sensorValue == 1 &&
        sensorValue != sensorValueSave) {
        changeTurnDirection ();
    }
    if (motorTurnDirection == 1) {
        motorMovePlus ();
    } else {
        motorMoveMinus ();
    }
    sensorValueSave = sensorValue;
}
```

•交互灯具设计•

Marry Me

- **小组成员**：刘芸、樊相珍、吕澔婷、郭虹铄。
- **制作材料**：Arduino、MP3 语音模块、LED 灯珠、纸板等。
- **设计主题**："今天你要嫁给我吗？那场雨后的相识，那片蔚蓝的晴天，我的芳心萌动，你的温柔求婚，这些属于我们的幸福时刻，希望能永远封存在我们温馨的小家里。"这款具有交互功能的婚礼周边产品可以作为婚纱摄影的配套礼品送给新人，为新人定制专属的爱情记忆。

交互方式

（1）设计四个纪念场景，如初次相遇、浪漫求婚等；

（2）为每一个场景设计专属的交互方式，如雨过天晴可以用雨伞触发传感器，浪漫求婚可以移动人物来触发交互开关。

外观设计

spring
summer
可旋转

spring

spring
20 cm
15cm

summer
20 cm
15cm

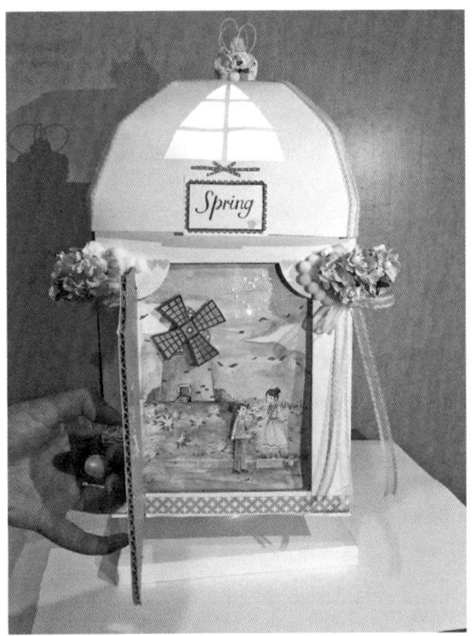
Spring

Summer

7.2 “书中自有黄金屋”交互电子实物书籍设计

交互电子出版物设计是近年交互设计向传统行业渗透的成功典范。与运行于各类电子屏上的电子书不同，交互电子实物书是以实物为基础，保留了图书产品原本的纸张质感与阅读方式，但又增加了一些趣味性的实物交互手段，让现代阅读在保有传统书香体验的基础上，又多了几分情趣。加入了语音等多媒体的交互电子实物书也有利于保护视力，增强动手能力，特别适合于发育成长期的儿童和特殊人群。另外，具有交互功能的实物图书装帧类产品也可开发其他类别的家居情趣用品。

本次课程的主题“书中自有黄金屋”交互电子实物书籍设计，运用交互物理界面创作方法，设计或寓教于乐、或温馨有趣的创新交互书籍装帧类产品。

• 交互儿童电子绘本 •

深 海 探 险

- **小组成员**：陈光花、宋朗、李芊芊、李行恬。
- **制作材料**：Arduino、MP3 语音模块、小舵机、LED 灯珠、纸板等。
- **设计主题**：一本声情并茂的“深海探险”交互有声书，孩子可以自己选择交互路线，在互动中，带你展开一段奇妙的海底探险之旅。个性化的讲故事方式，吸引儿童的好奇心，增强身心愉悦感。

交互方式

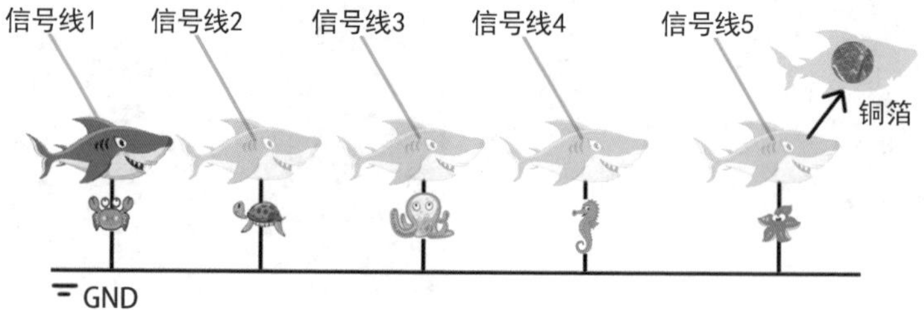

（1）鲨鱼模型底面贴上导电铜箔；

（2）沿途每种海洋生物的位置都贴上断开的铜箔条；

（3）当鲨鱼放到上面，电路就连通了，信号便被传递给 Arduino。

外观设计

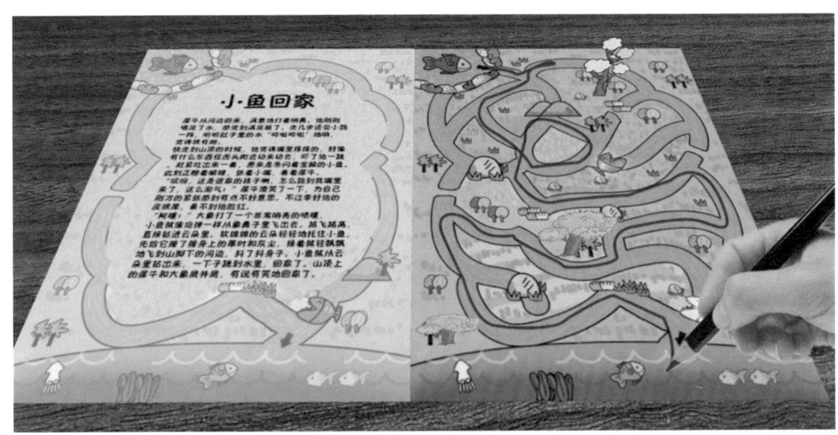

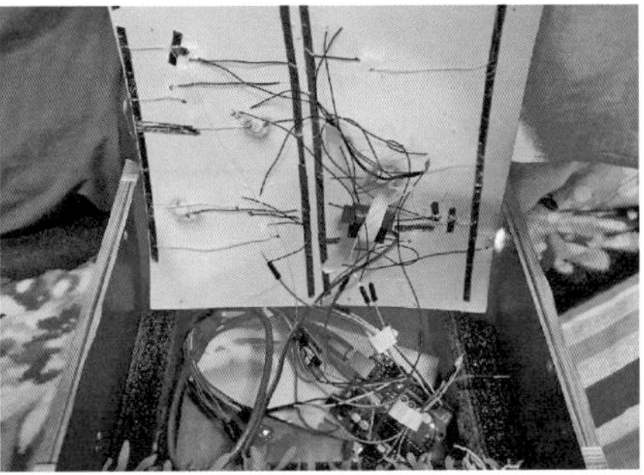

物理界面设计

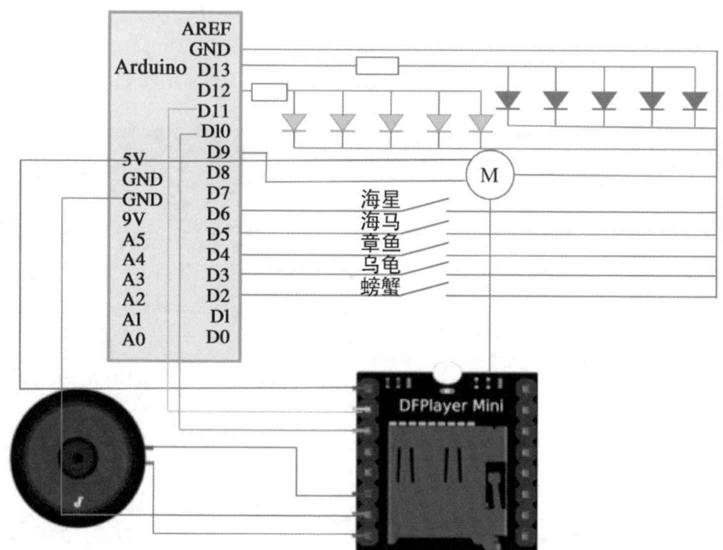

（1）用 Arduino 控制两组 LED 灯，以一定的频率交替闪烁，营造一个生机勃勃的海底世界；

（2）为每个角色录制一段对话，当鲨鱼与某个角色相遇时，喇叭就播放对应的声音，实现玩家与游戏之间的互动；

（3）通过控制舵机来实现鲨鱼的摆尾效果。

程序设计

//Arduino 程序设计：

```
#include <SoftwareSerial.h>
#include <DFPlayer_Mini_Mp3.h>
#include <Servo.h>
Servo myservo;    // create servo object to control a servo
int pos = 0;      // variable to store the servo position
SoftwareSerial mySerial (10, 11); // RX, TX
```

```
//LED
int LED1 = 13;              //LED
int LED2 = 12;              //LED
int LEDState = 0;
unsigned long currentTime = 0;
unsigned long previousTime = 0;
int blinkTime = 2000;
//音乐 1-5 as the five music and 6 as the background music
int StoryPin = 2;
int Num = 6;
int StoryValue [6];
int StoryValueOld [6] = {1};
void setup ()
{
  int i = 0;
  myservo. attach (9);    // attaches the servo on pin 9 to the servo object
  for (i=0; i<Num; i++)
   {
    pinMode (StoryPin+i, INPUT_PULLUP);
    }
    pinMode (LED1, OUTPUT);
pinMode (LED2, OUTPUT);
  Serial. begin (9600);
  mySerial. begin (9600);
  mp3_set_serial (mySerial); //set softwareSerial for DFPlayer-
  mini mp3 module
  mp3_set_volume (20);
  mp3_play (8);
}
void loop ()
{
  int i = 0;
  for (pos = 0; pos < 30; pos += 1)
   {
```

```
    myservo. write (pos);
    delay (15);
  }
  for (pos = 30; pos>=1; pos-=1)
   {
    myservo. write (pos);
    delay (15);
  }
  for (i=0; i<Num; i++)
   {
    StoryValue [i] =digitalRead (StoryPin+i);
    Serial. print (i);
    Serial. println (StoryValue [i] );
  }
  unsigned long currentTime = millis ();
  if (currentTime - previousTime > blinkTime)
   {
    previousTime = currentTime;
    LEDState = ~LEDState; //取反
    Serial. print (" wwwwwwww" );
    Serial. println (LEDState);
    digitalWrite (LED1, LEDState);
    digitalWrite (LED2, LEDState);
  }
  for (i=0; i<Num; i++)
{
    if (StoryValue [i] ! = StoryValueOld [i] )
     {
      delay (10);
      if (StoryValue [i] == LOW )
       {
        Serial. println (StoryValue [i] );
        if (i==5) {
          mp3_play (1);
```

```
            } else {
              mp3 _ play (2+i);
            }
          }
          StoryValueOld [i] = StoryValue [i];
        }
      }
    }
```

• 交互儿童电子绘本 •

圣　诞　节

- **小组成员：**肖静如、熊冀嘉、杨冬。
- **制作材料：**Arduino、MP3 语音模块、触摸传感器、LED 灯珠、纸板等。
- **设计主题：**圣诞主题绘本，主要目标用户是 3～8 岁的小朋友，有一定的阅读能力和理解能力，对未知事物充满好奇。通过绘本的趣味交互，让孩子对圣诞节有一个全面的认知，在交互阅读过程中锻炼孩子探索和解决问题的能力，并从中获得愉悦的阅读体验。

交互方式

(1) 打开信封或烟囱放礼物的交互方法可参考《深海探险》的实现方法，用铜箔胶带实现电路间的连接与断开，完成交互行为；

(2) 在圣诞老人马车页面，读者用“触摸传感器”来点亮麋鹿车队；

(3) 用“光敏传感器”来实现墨镜的交互功能，当给白胡子老爷爷戴上墨镜时，圣诞老人就进入工作模式。

外观设计

有一个叫Tom的男孩.
每一年都给圣诞老人写信.
他常常希望能收到老人亲自送他的礼物.
可是愿望从来没有实现过
今年，他又寄出了一封给圣诞老人的信……

7.3　“穿在身上的风景”智能可穿戴设计

个人智能可穿戴产品轻巧便利、功能多样、时尚新潮，不仅为服装设计添加了很多人性化的功能，赋予时装更多的时尚感，而且也符合现代人的数字化生活习惯。

这次的主题设计实践中，不仅为儿童设计了兼具安全与趣味功能的 T 恤，还在成人社交饰品上做了新的尝试。

• 交互可穿戴设计 •

动 感 之 驱

- **小组成员**：张蕾、高畅、甘霖。
- **制作材料**：Arduino、变阻器、红外测距传感器、LED 灯珠等。
- **设计主题**：这款智能服装融合了儿童的健康、安全、学习、娱乐等多方面需求，既具有交通安全提醒功能，又能满足儿童的游戏需求，让儿童可以与衣服和环境进行有趣的多维互动，为儿童服装的功能化设计带来了全新的视角。

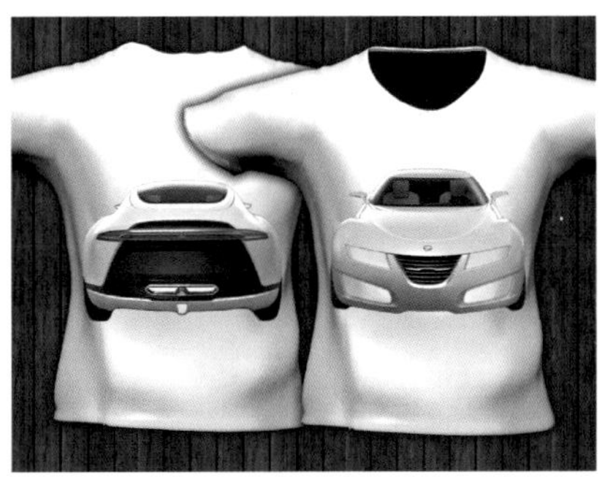

交互方式

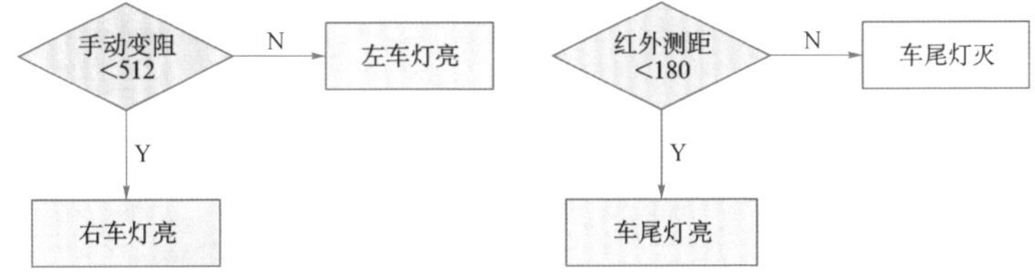

（1）转动 T 恤前身方向盘来控制车灯的左右转向；

（2）衣服背面尾灯的亮灭则是由红外测距传感器控制，当有人或物与穿衣人距离接近临界值时，尾灯亮起。

外观设计

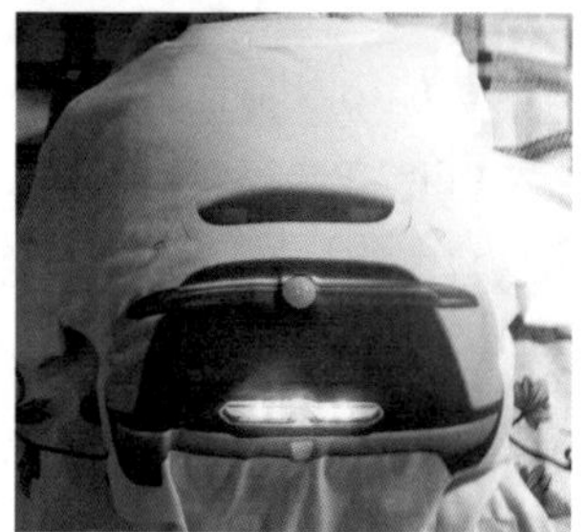

物理界面设计

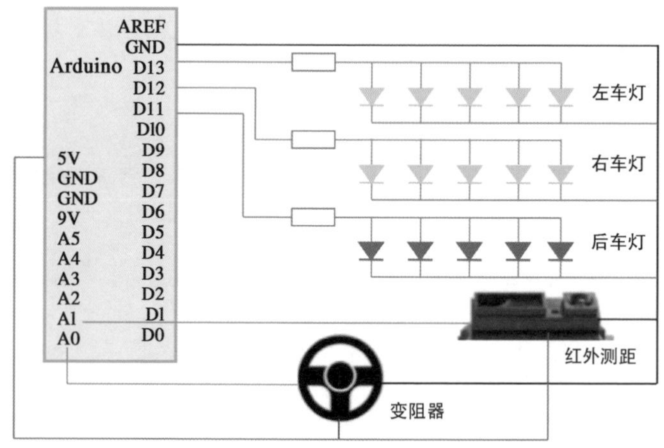

Arduino
AREF
GND
D13
D12
D11
D10
D9
D8
D7
D6
D5
D4
D3
D2
D1
D0
5V
GND
GND
9V
A5
A4
A3
A2
A1
A0
左车灯
右车灯
后车灯
红外测距
变阻器

程序设计

```
//Arduino 程序设计：

void setup ()
{
  pinMode (11, OUTPUT);   //后车灯
  pinMode (12, OUTPUT);   //右车灯
  pinMode (13, OUTPUT);   //左车灯
}
void loop ()
    {
    int front = analogRead (A0);
    int back =analogRead (A1);
   if ( front <512 )
   {
      digitalWrite (12, HIGH);
      digitalWrite (13, LOW);
    } else {
      digitalWrite (12, LOW);
      digitalWrite (13, HIGH);
    }

   if (back<180) {
      digitalWrite (11, HIGH);
      delay (10);
      digitalWrite (11, LOW);
      delay (10);
   } else {
      digitalWrite (11, LOW);
   }
}
```

• 交互可穿戴设计 •

DJ 少 年

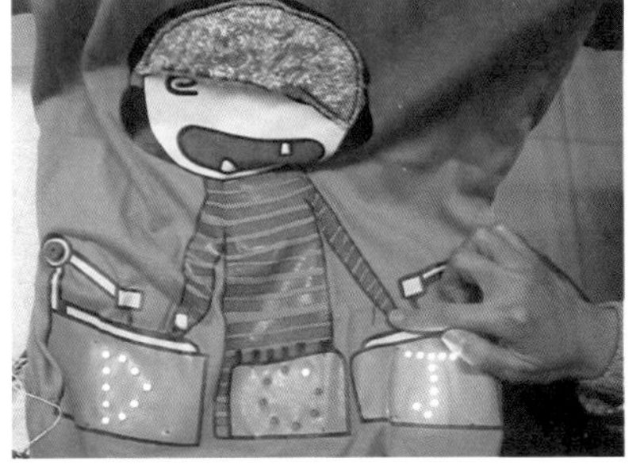

- **小组成员**：成维伟、陈慧、谢文娟、曾曼钰。
- **制作材料**：Arduino、MP3 语音模块或蜂鸣器、触摸传感器、LED 灯珠等。
- **设计主题**：这件儿童智能 T 恤的设计侧重于娱乐功能，为儿童设计一款可以打鼓的智能服装。

交互方式

儿童可以自己通过手触衣服左右两侧的触摸感应器，来激活灯光与音乐播放，可以自己打起手鼓。

外观设计

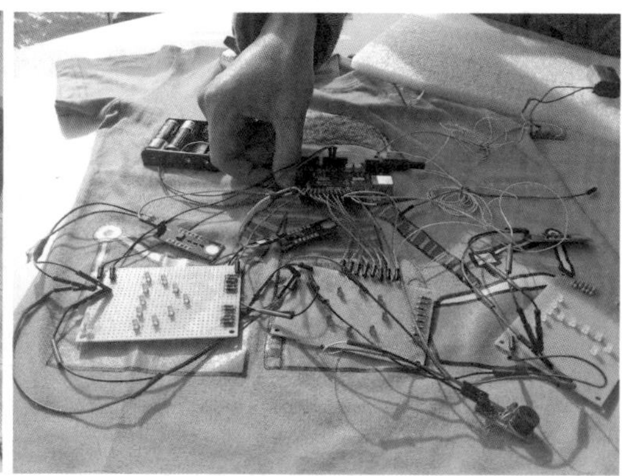

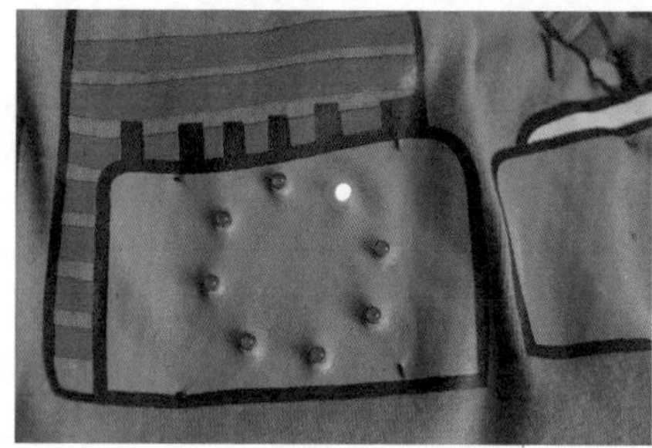
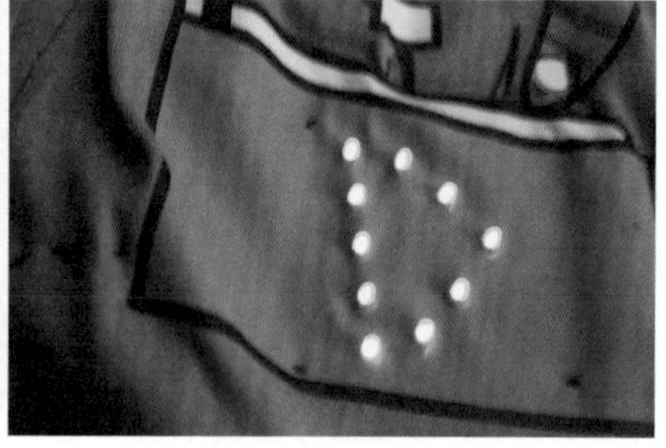

• 交互可穿戴设计 •

爱之使者

- **小组成员：** 施佳敏、王晓菲、付显辉。
- **制作材料：** Arduino、三轴加速度传感器、LED 灯珠等。
- **设计主题：** 现代人更习惯于在屏幕后面用无声的文字或符号来表达自己的喜怒哀乐，而忘记面对面的交流乐趣。这款饰品把佩戴者实时的情感通过光影表达出来，又酷又帅。

交互方式

佩戴者通过转动带有控制器的手腕，就可以让胸针呈现出不同的色彩效果，传达当下的情感。

外观设计

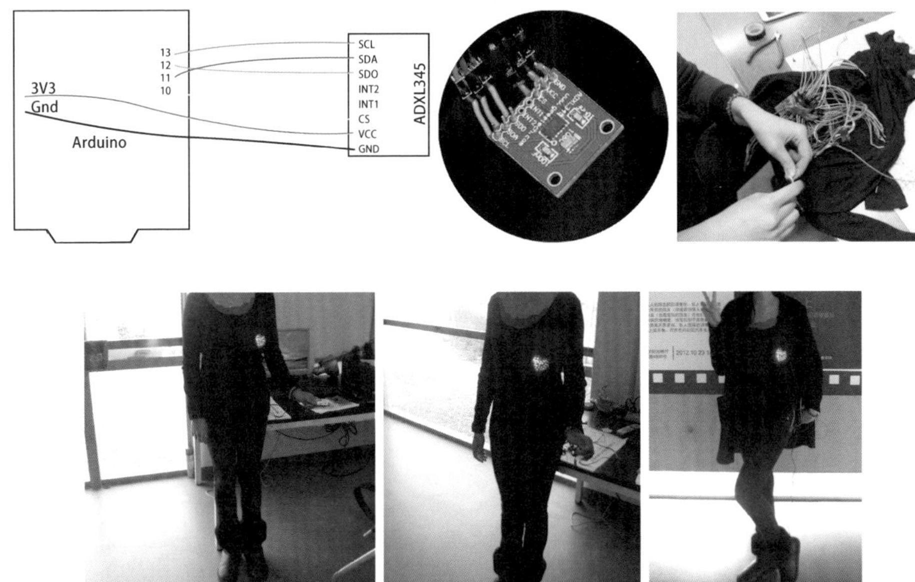

7.4 “外星人的百草园”交互公共空间设计

公共空间是指人们日常娱乐社交等的社会共享空间，包括城市公园、商场、展览馆等人群聚集的各种场所。随着经济的快速发展，我国公共空间硬件设计越来越好，但也暴露出同质化严重的问题，无论建筑外观、空间规划，还是公共安全设施、休息娱乐布局都非常相似，给商业发展带来阻碍。

本次主题设计中，希望通过新技术的创新与丰富的表现手段，为公共空间打造专属的文化符号，解决公共空间同质化严重的问题。

• 公共空间交互装置设计 •

等 风 来

- **小组成员**：程翠琼、Evelyn、王雨佳。
- **制作材料**：Arduino、振动传感器、LED灯珠等。
- **设计主题**：风铃在微风的吹拂下，发出色彩变幻的闪烁微光，闪电也会不期而遇，但风雨并不总是让人烦恼，有时也会带来浪漫的邂逅。

交互方式

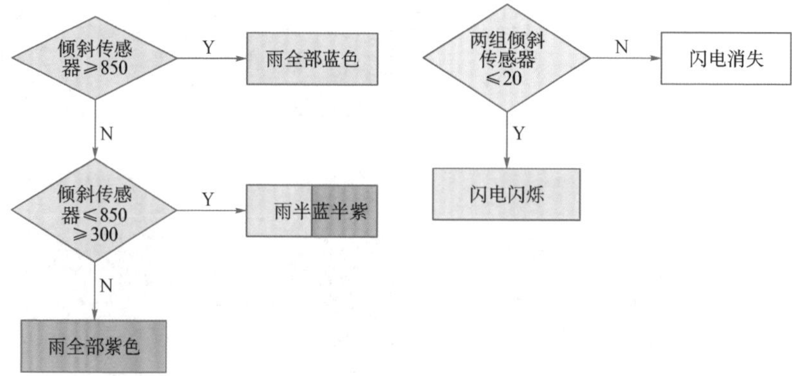

（1）雨滴的颜色会根据环境风速实时变化，由蓝色到蓝紫再到完全紫色；

（2）不同于雨滴，只有当风速减弱时才会突发闪电。

外观设计

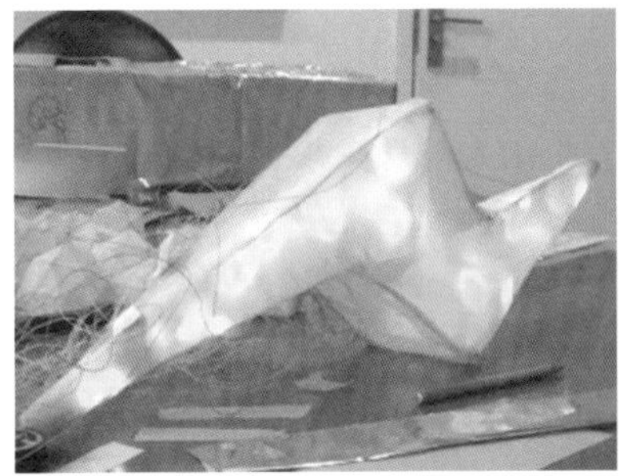

物理界面设计

电路连接：雨滴

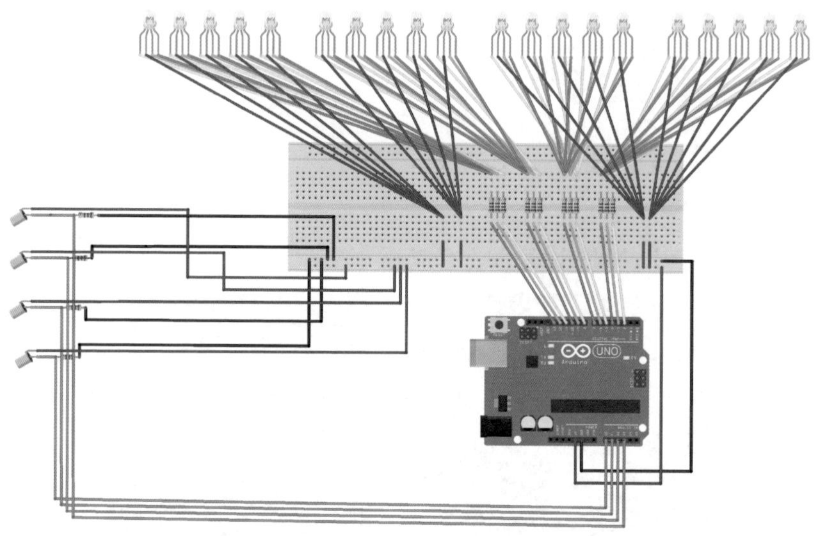

电路连接：闪电

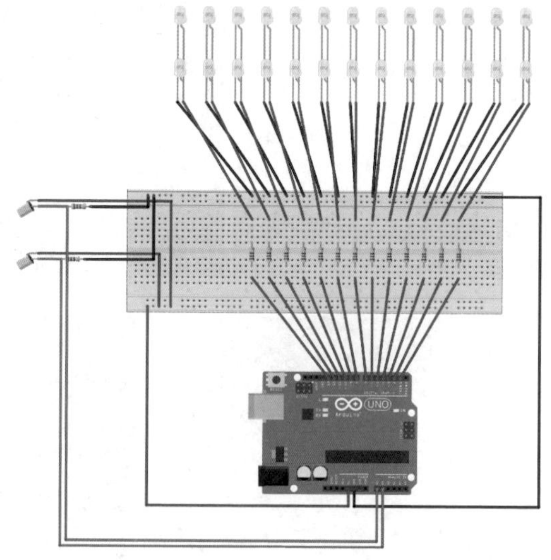

程序设计

```
//Arduino 程序 1：雨滴

int redPin [4] = {2, 5, 8, 11};
int greenPin [4] = {3, 6, 9, 12};
int bluePin [4] = {4, 7, 10, 13};

int SensorINPUT [4] = {A0, A1, A2, A3};
int Sensor_value [4] = {0, 0, 0, 0};
int i=0;
int count=0;

void setup () {
Serial.begin (9600);
for (i=0; i<=3; i++) {
pinMode (redPin [i], OUTPUT);
pinMode (greenPin [i], OUTPUT);
pinMode (bluePin [i], OUTPUT);
pinMode (SensorINPUT [i], INPUT);
}
}
  void colorRGB (int i, int red, int green, int blue) {
    analogWrite (redPin [i], constrain (red, 0, 255) );
    analogWrite (greenPin [i], constrain (green, 0, 255) );
    analogWrite (bluePin [i], constrain (blue, 0, 255) );
    }

void loop () {
 for (i=0; i<=3; i++) {
  Sensor_value [i] =analogRead (SensorINPUT [i] );
  Serial.print (i);
  Serial.print (":" );
  Serial.println (Sensor_value [i] );
  if (Sensor_value [i] >=850) {
    Sensor_value [i] =0;
    colorRGB (i, 255, 0, 0);
    delay (70);
    }
    else if (Sensor_value [i] <850 and Sensor_value [i] >=300)
     {
```

```
      Sensor_value [i] =0;
      colorRGB (i, 150, 125, 0);
      delay (70);
    }
    else {
      Sensor_value [i] =0;
      colorRGB (i, 0, 255, 0);
      delay (70);
      }
  }
}
```

//Arduino 程序 2：闪电

```
int yellowPin [12] = {2, 3, 4, 5, 6, 7, 8, 9, 10, 11, 12, 13};
int SensorINPUT [2] = {A0, A1};
int Sensor_value [2] = {0, 0};
int i=0;
int count=0;

void setup () {
  Serial. begin (9600);
  for (i=0; i<=12; i++) {
    pinMode (yellowPin [i], OUTPUT);
    }
    pinMode (SensorINPUT [0], INPUT);
    pinMode (SensorINPUT [1], INPUT);
  }

void loop () {
  Sensor_value [0] =analogRead (SensorINPUT [0] );
  Sensor_value [1] =analogRead (SensorINPUT [1] );
  Serial. print (" 0:" );
  Serial. println (Sensor_value [0] );
  Serial. print (" 1:" );
  Serial. println (Sensor_value [1] );

  if (Sensor_value [0] <=20 and Sensor_value [1] <=20 and count==2) {
    for (i=0; i<=5; i++) {
      digitalWrite (yellowPin [i], HIGH);
      delay (100);
      }
```

```
for (i=6; i<=11; i++) {
  digitalWrite (yellowPin [i], HIGH);
  delay (70);
  }
   for (i=0; i<=11; i++) {
 digitalWrite (yellowPin [i], LOW);
 }
   for (i=0; i<=5; i++) {
  digitalWrite (yellowPin [i], HIGH);
  delay (70);
  }
   for (i=6; i<=11; i++) {
  digitalWrite (yellowPin [i], HIGH);
  delay (50);
  }
   for (i=0; i<=11; i++) {
  digitalWrite (yellowPin [i], LOW);
  }
  count=0;
}
else {
   for (i=0; i<=11; i++) {
  digitalWrite (yellowPin [i], LOW);
  delay (100);
  }
  count=2;
  }
}
```

• 公共空间交互装置设计 •

Rainbow Life

- **小组成员**：李双珏、宋聿铭。
- **制作材料**：Arduino、人体红外传感器、LED 灯等。
- **设计主题**：生活看似平淡，却也可以五彩缤纷，哪怕逆光而行，影子也充满了色彩。交互设计也可以很简单，转换一下思路，你就能让彩虹照进生活。

交互方式

（1）当人们走过廊道时，传感器就会把安装在窗下的三色灯点亮，把人的光影打到白墙上，呈现出彩虹效果的影像；

（2）与阳光照射五彩窗棂投射下的彩虹相映成趣。

外观设计

• 公共空间交互装置设计 •

暖 菇

- **小组成员：** 汪超杰、蔡良羽、孙诗童。
- **制作材料：** Arduino、人体红外传感器、湿度传感器、LED 灯等。
- **设计主题：** 在静谧的城市绿地慢跑，即使一场恼人的雨水突然降临也不怕，因为前方一个闪烁着五彩光芒的蘑菇伞等着你去避雨。坐在蘑菇伞下欣赏美丽雨景，仿佛让你置身于小人国，是否有种意外的惊喜呢？

交互方式

（1）当传感器感应到下雨后，大蘑菇头上的圆斑会亮起，营造出雨中的童话世界；

（2）当人们来到蘑菇下，散落在周边的小蘑菇头也会一闪闪地亮起，仿佛在和你打招呼。

外观设计

侧视图

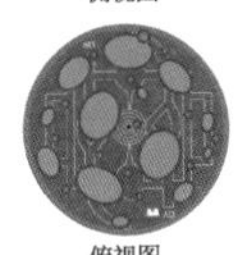
俯视图

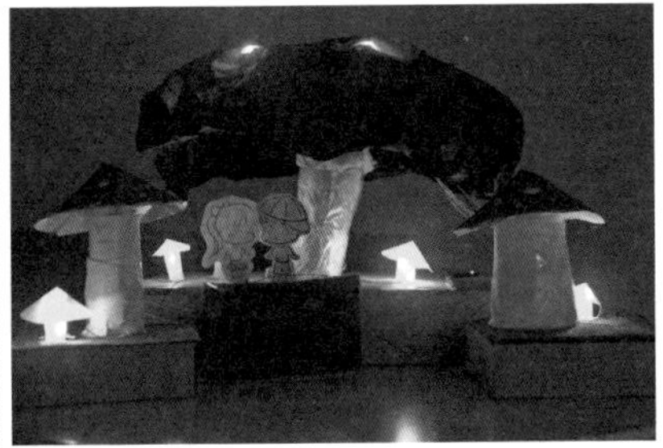

第 8 章　交互综合界面创作

交互界面设计是一个综合性设计领域，基于不同类别的项目，又可分为纯物理界面设计、纯逻辑界面设计以及物理与逻辑界面混合的综合交互界面设计项目。前面我们学习了各种交互界面设计的基本方法，本章将通过两个综合交互界面设计实例，从项目策划构思、交互设计方法到软硬件技术解决方案，来对交互界面设计做一个全面的梳理。

8.1　交互艺术装置：《虎域》

《虎域》是新媒体艺术展《虚拟动物园》系列作品之一，以介绍东北虎的生活习性为主题的交互科普装置。参观者通过类似游戏的全新互动体验，在欢乐中对东北虎进行一次全面的、科学的了解，完成一次充满趣味的探索之旅。

作品由逻辑界面和物理界面两部分组成，分别实现内容信息的逻辑架构设计和人机游戏交互装置设计。

1. 设计理念

本项目将通过老虎的几个日常科普视频，如捕食、生育等，对老虎的生活习性进行科普。作品采用投球答题的方式来实现人机交互功能：取出小球开始游戏；投掷小球来选择感兴趣的问题；再投掷小球回答问题；游戏中间放回小球结束游戏。这种融入了竞技游戏的交互方式充满挑战性，让作品更有吸引力。项目的运行流程可参考表 8-1所示。

接下来需要对功能模块进行推敲梳理，细化各环节的交互流程，完成清晰的功能框架图，从图 8-1 里我们可以看清整个项目的工作流程、每一个界面呈现的内容，以及可以进行的交互方式选择，是一个完整而科学的交互装置框架图。

表 8-1　《虎域》流程图

<table>
<tr><th>逻辑画面内容呈现</th><th colspan="2">物理界面功能设计</th></tr>
<tr><td>纸老虎</td><td colspan="2">从洞里拉出小球开始游戏</td></tr>
<tr><td>纸老虎转成老虎开场视频</td><td>项目开始</td><td rowspan="4">退出游戏：在整个游戏过程中，任何时候把小球放回洞里，系统即刻结束游戏，恢复到游戏初始等待状态</td></tr>
<tr><td>三道知识问答不断闪现</td><td>掷球选择问题 A、B、C 之一</td></tr>
<tr><td>某一问题界面出现，等待判断答案对错</td><td>掷球进行对错判断</td></tr>
<tr><td>答对问题，自动转入相应的知识视频播放，播放结束，自动返回到问题选择；答错则继续等待用户判断，周而复始</td><td></td></tr>
</table>

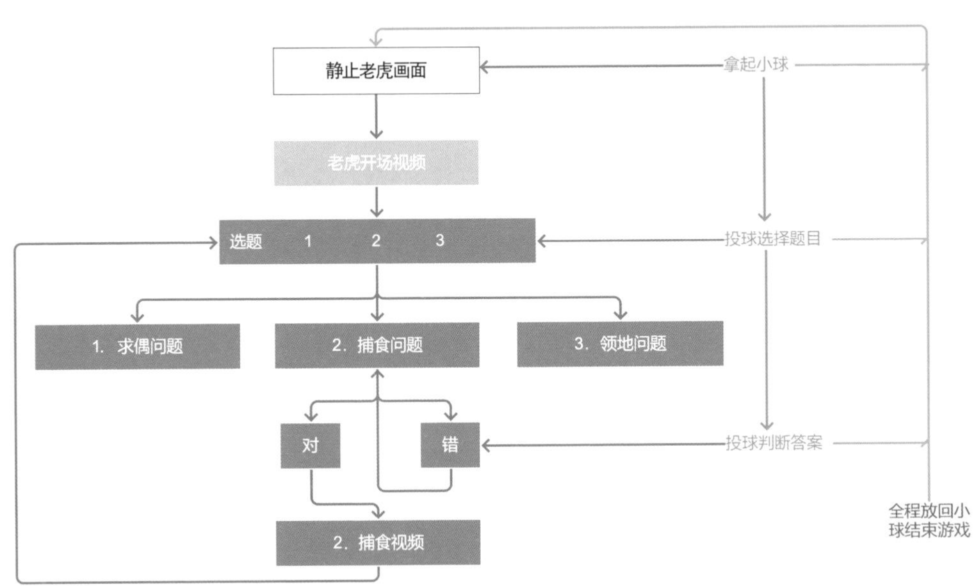

▲　图 8-1　《虎域》功能框架图

2. 创作方案选择

交互界面开发平台与实现方案的选择原则应该是简单、稳定和高效。基于本项目的交互功能设计目标，我们为交互物理界面与逻辑界面分别选择了适合的开发方案。

从图 8-1 中的功能框架可以看出，本系统需要采集 3 个输入信号来完成物理界面交互设计：一个是游戏开关信号，用来完成项目启动与结束的功能判断；另外两个数字信号，以供玩家对科普问题的选择和回答之用。这 3 个信号都属于开关类信号，根据前面章节讲到的物理界面设计方法，简单、稳定、成本较低的“键盘法”完全可以满足设计需要，是本项目物理界面设计的首选。

项目的逻辑界面设计流程是首先接收开始游戏的信号，开启游戏，然后等待玩家发送选择信号，进行循环判断，完成页面流转；另外在互动的全过程中，系统随时都可以接收关闭信号，结束游戏回到初始页面。以上这些交互功能，一般的交互逻辑界面开发软件如 Processing、TouchDesigner 等都能实现，本项目最终选择了不需要编写代码的节点式开发软件 TouchDesigner 作为逻辑界面开发平台。

3. 逻辑界面设计

由于该新媒体作品是放置于公共的展览空间，考虑装置的艺术性与功能的人性化，设计师为本项目设计了一个游戏式的交互逻辑界面，让参观者以玩游戏的形式与作品实现互动。创作者在进行项目设计时，可以先在逻辑软件里完成所有逻辑界面的创作，然后在计算机上对逻辑界面进行测试，如按 1、2 或 3 选择问题；按 A 键表示选择对号；按 D 键表示选择错号等，整个逻辑界面设计都可以提前在逻辑软件上完成功能检测。

项目中要用到多种类别的元素，如提出问题的小老虎位图图片、对与错的图形文件、老虎习性的视频及影片中用到的一些音效文件等。这些不同类别的元素都需要在相应的专业软件里事先制作或剪辑完成，最后再导入逻辑界面开发平台。

（1）位图元素：本项目中所有位图都是在 Photoshop 软件中制作完成，在编辑时注意画面的质量，分辨率要达到播放电影的尺寸要求。

（2）矢量元素：对号、错号等矢量图片是在 Illustrator 矢量软件里完成的前期制作。

▲　图 8-2　《虎域》逻辑界面设计流程

(3) 视频文件：本项目所有视频文件都在非编软件 Premiere 里完成影像、音乐与字幕编辑的工作。

(4) 音频文件：本项目中所用音频文件是从音效素材库中直接选择的，没有另外进行加工。

(5) 软件平台：本项目的逻辑界面开发环境选择了比 Processing 更为简单的 TouchDesigner 软件。TouchDesigner 是一个节点式的编程软件环境，更擅长做一些大型交互项目，是一个非常好的创意编程工具。这里我们就不详细介绍软件的使用方法了，大家可以另找专业教程来学习。

▲　图 8-3　《虎域》位图

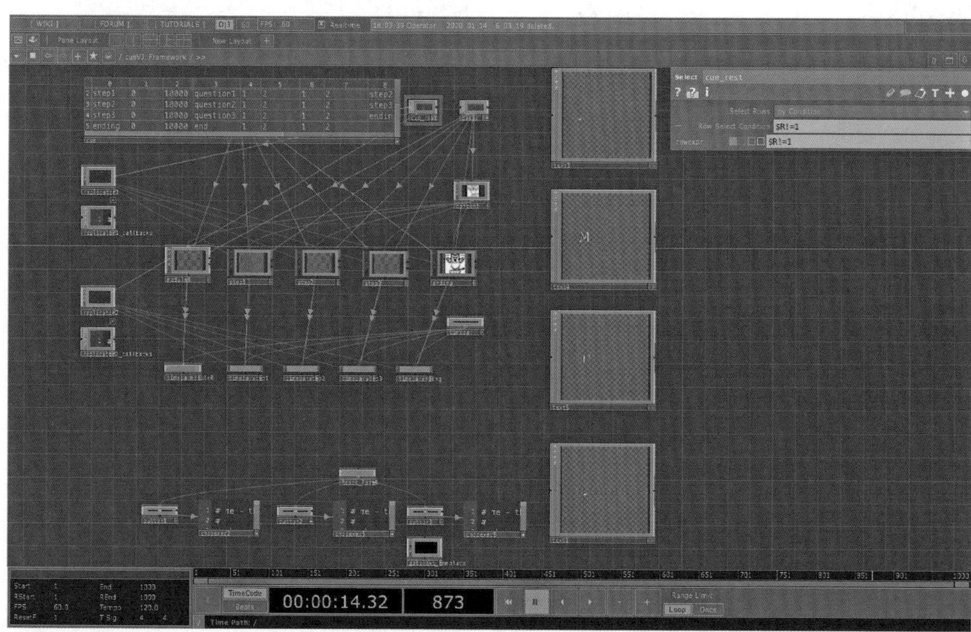

▲ 图 8-4 《虎域》TouchDesigner 节点图

4. 物理界面设计

完成逻辑界面设计后再来进行物理界面设计，本项目物理界面设计主要是为该作品增添更多的游戏趣味性，让作品更容易激发参与者的兴趣。所以，在进行物理界面设计时，要考虑设计什么样的游戏方式，并对游戏的难度进行权衡，太难会让参与者失去耐心，而太简单又会让作品缺乏吸引力。本项目选择投球击打的方式来替代键盘输入，为设计作品增添游戏性，而通过调整投球位置与目标点的距离，给投掷游戏增加难度，提升观众参与的兴趣。

物理界面设计主要包含两部分：启动界面和项目中间的所有选择界面。分别用到了红外开关传感器和拨动开关传感器，因为都是数字开关类传感器，所以本项目中数据的传输选择了计算机键盘外设法，三个数字传感器接收用户数据，并将信息传递给键盘，再传递给计算机，配合 TouchDesigner 逻辑界面的键盘事件程序，完成游戏的交互功能。

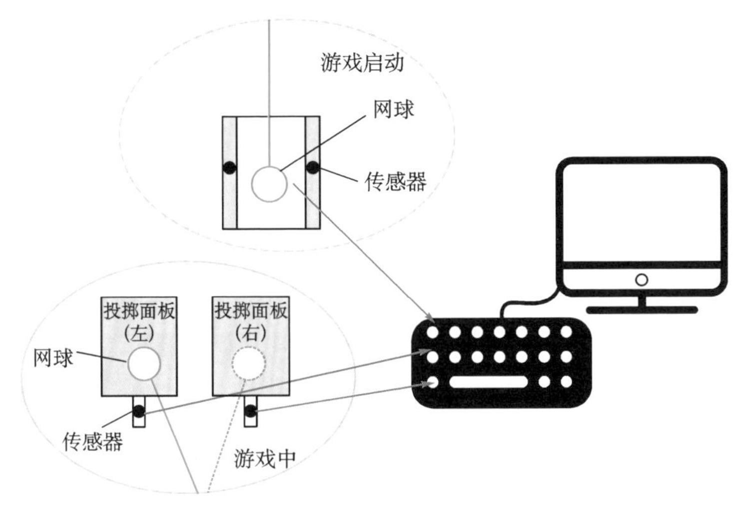

▲ 图 8-5　《虎域》物理界面连接图

（1）游戏启动和中止物理界面设计：拿起或放回小球来开启或关闭游戏。项目中所使用的小球是一个带引线的娱乐网球，平时挂在老虎洞口的圆桶里，圆桶腰部两侧固定了一对光电感应传感器，小球经过传感器就会发送一次信号。拿出小球开始游戏，放回小球停止游戏。

（2）题目选择和回答物理界面设计：项目中选择问题和回答问题都是用小球投掷触发拨动开关传感器来实现信号传递的。拨动开关的传感器安装在投掷面板后方，摆放于投影幕前，当小球投中目标时，拨动开关的传感器便通过键盘给逻辑界面发送一个信号，控制逻辑界面相应的视频播放。

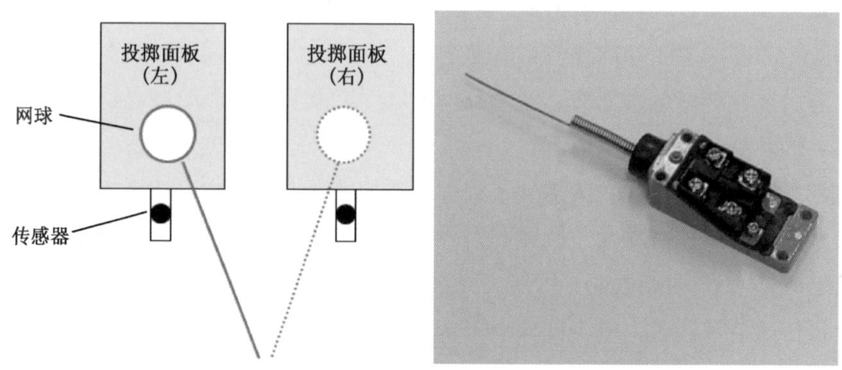

▲ 图 8-6 《虎域》选择题装置示意图及传感器

5. 装置设计

《虎域》是一个典型的交互艺术作品，为了给作品营造一个真实的时空氛围，展台被专门设计成老虎洞，投影幕与投掷面板被固定在离洞口 2 m 远的墙上，参观者在洞口拉起带线的小球开始游戏，新颖的展示方式与趣味性的互动界面，调动起了观众的参与热情，达到了预期的展示效果。

▲ 图 8-7 《虎域》效果图

6. 项目测试

一般交互装置项目测试分两个阶段：第一个阶段是在策划期，要提前对逻辑界面与物理界面的解决方案进行可行性测试，如本项目在前期可以做一个小规模的原型设计，对所选择方案与设备进行可行性评估，达到评估标准后才能进入实际的项目制作阶段；第二个测试阶段是项目完成后，对项目整体进行综合测试，如逻辑界面的走查、物理界面稳定性与灵敏度测试等。另外针对本项目，有效投掷距离也应进行反复测试，寻找到一个最优的距离与角度，保证整个系统安全稳定、难易适中。

8.2　交互艺术装置：《丝绸之路》

《丝绸之路》是宣传丝绸之路主题的作品，通过交互艺术装置，让参观者在游戏时能更深入地了解丝绸之路沿线各国的历史人文信息。

1. 设计理念

人们对“丝绸之路”名称和意义的了解远高于对丝绸之路沿线各国的认知，本项目就是想给参观者提供一个重新认识丝绸之路沿线各国的窗口。为了达到设计目标，项目设计了一个拟人的交互情境，就是当把代表中国商人的人偶摆到不同国家人偶面前时，屏幕上就会显示介绍该国风土人情的影像，让参观者可以详细地了解这个国家的基本信息。该项目的设计结构框架如图 8-8 所示。

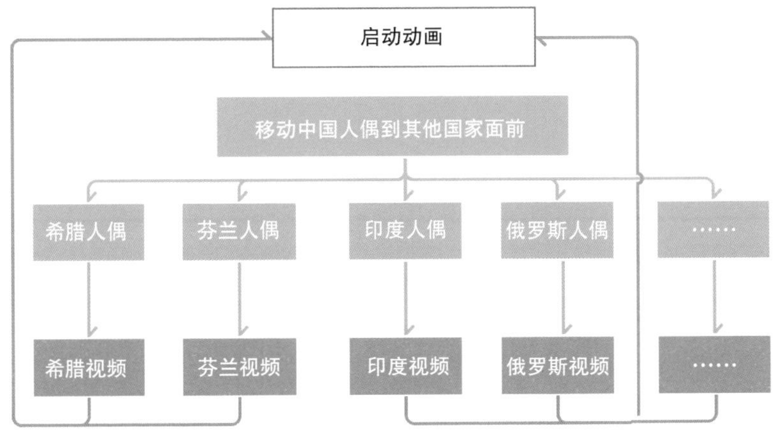

▲ 图 8-8　《丝绸之路》设计结构框架图

2. 创作方案选择

每一个交互项目的创作实施都有多种选择方案，除了上面提到的简单、稳定、高效原则而外，合手也是很重要的原则。特别对于初学者，选择一个自己熟悉、操作熟练的方法进行创作也是很重要的选择条件。

根据项目设计目标，本项目需要采集多组数字信号，单片机 Arduino 模块也完全可以实现这一设计目标，采集的数字信号通过 Arduino 传输给计算机的逻辑界面平台。项目的逻辑界面选用了 Processing 软件，完成简单的逻辑控制。物理界面如图8-9所示。

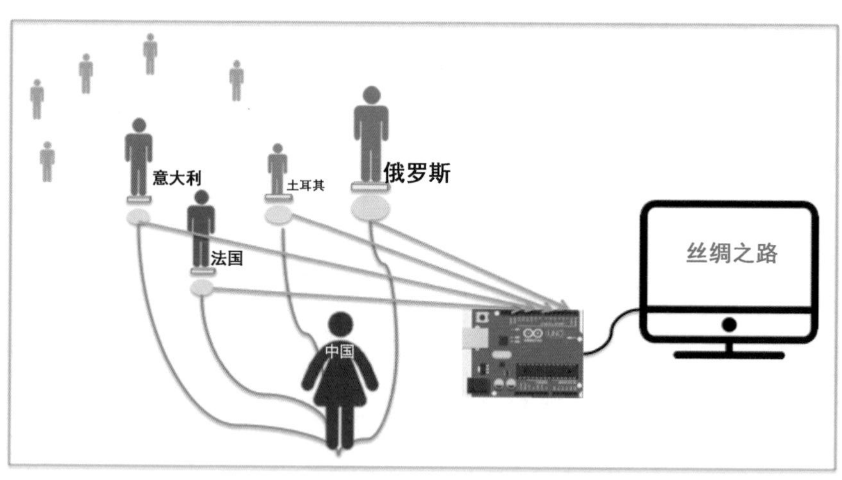

▲ 图 8-9 《丝绸之路》物理界面示意图

3. 物理界面设计

那么如何 DIY 数字信号传感器呢？首先，准备若干的吸铁石，选取一块比吸铁石厚 3~5 mm 的 KT 板作为地图，把打印了彩色地图的封面，覆盖在 KT 板上，在沿线各国地图上标一个位置，取下单面地图封面，在 KT 板的每个标注位置打一个比吸铁石直径稍大的贯穿小洞；然后，取回作为封面的地图，在背面小洞的位置贴上两根断开的导电铜胶带，本项目电路选用了“上拉电路”，要将两根导线分别连接到 Arduino 的 GND 端和数字信号输入端，其他小洞以此类推；再后，连接完所有导线，将封面粘贴到 KT 板上；最后，每个小洞里放入吸铁石后，在 KT 板底面贴上纸板封底。

在地图封面每个国家的小洞前粘上对应的模型人偶，在代表中国的人偶脚下粘上一块吸铁石，然后就可以通过把中国人偶摆到其他国家人偶面前来测试交互功能了：中国人偶脚下的吸铁石会把 KT 板当前小洞里的吸铁石吸上来，完成 Arduino 的 GND 与数字端口的连接，相当于模拟了数字开关的“闭合”；而当移走中国人偶时，KT 板里的吸铁石就掉落下来，让 GND 与数字端口断开，实现了开关的“断开”。把电路连接好后编写程序代码。

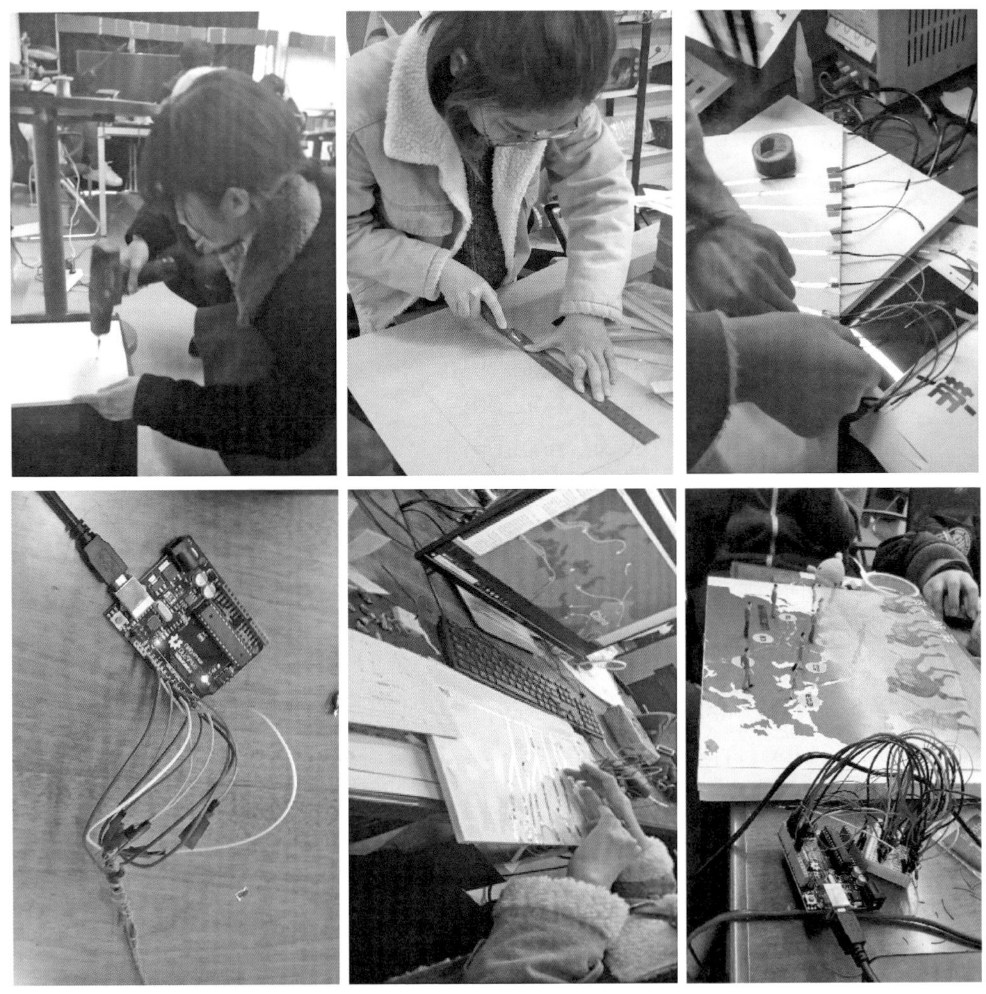

▲　图 8-10　《丝绸之路》物理界面制作图

//Arduino 的程序如下：

```
int switchPin1 = 1;
int switchPin2 = 2;
int switchPin3 = 3;
int switchPin4 = 4;
int switchPin5 = 5;
int switchPin6 = 6;
int switchPin7 = 7;
int x=0;

void setup () {
  pinMode (switchPin1, INPUT_PULLUP);    // Set pin 0 as an input
  pinMode (switchPin2, INPUT_PULLUP);
  pinMode (switchPin3, INPUT_PULLUP);
  pinMode (switchPin4, INPUT_PULLUP);
  pinMode (switchPin5, INPUT_PULLUP);
  pinMode (switchPin6, INPUT_PULLUP);
  pinMode (switchPin7, INPUT_PULLUP);
  Serial. begin (9600);
}
void loop () {
  if (digitalRead (1) == LOW) {
  Serial. write (1);
  } else if (digitalRead (2) == LOW) {
  Serial. write (2);
  } else if (digitalRead (3) == LOW {
  Serial. write (3);
  } else if (digitalRead (4) == LOW) {
  Serial. write (4);
  } else if (digitalRead (5) == LOW) {
  Serial. write (5);
  } else if (digitalRead (6) == LOW) {
```

```
  Serial. write (6);
  } else if (digitalRead (7) == LOW) {
  Serial. write (7);
  }
  delay (50);
}
```

对上面的程序进行编译，没有错误后便可上传到 Arduino 中。

4. 逻辑界面的开发与元素组织

(1) 视频文件：本项目在视频软件 AfterEffects 里制作了沿线各国的历史文化短视频。

(2) 动画制作：片头的驼队动画是在动画软件里手绘完成的。

▲ 图 8-11 《丝绸之路》逻辑界面影像元素制作

本项目仍然使用了 Processing 编程环境编写逻辑界面交互程序。

//Processing 程序：

```
import processing. video. *;
import processing. serial. *;
PImage img;
```

```
Movie movie00, movie1, movie2, movie3, movie4, movie5, movie6, movie7;
Serial port;
int val;
void setup () {
  size (1920, 1080);
  frameRate (20);
 port = new Serial (this," /dev/cu. usbmodem1421", 9600);
  background (255, 150, 150);
  movie00 = new Movie (this, " a. mov" );
  movie1 = new Movie (this, " a. mp4" );
  movie2 = new Movie (this, " b. mov" );
  movie3 = new Movie (this, " c. mov" );
  movie4 = new Movie (this, " d. mov" );
  movie5 = new Movie (this, " e. mov" );
  movie6 = new Movie (this, " f. mov" );
  movie7 = new Movie (this, " g. mov" );
}
void movieEvent (Movie m) {
  m. read ();
}
void draw () {
if (0 < port. available () ) {
   val = port. read ();
   println (val);
}
if (val = = 1)      {
     movie00. stop ();
     movie2. stop ();
     movie3. stop ();
     movie4. stop ();
     movie5. stop ();
     movie6. stop ();
```

```
    movie7. stop ();
    movie1. play ();
    movie1. loop ();
    image (movie1, 0, 0);
  }
if (val = =2)    {
    movie00. stop ();
    movie1. stop ();
    movie3. stop ();
    movie4. stop ();
    movie5. stop ();
    movie6. stop ();
    movie7. stop ();
    movie2. play ();
    movie2. loop ();
    image (movie2, 0, 0);
  }
if (val = =3)    {
    movie00. stop ();
    movie1. stop ();
    movie2. stop ();
    movie3. stop ();
    movie4. stop ();
    movie5. stop ();
    movie6. stop ();
    movie7. stop ();
    movie3. play ();
    movie3. loop ();
    image (movie3, 0, 0);
  }
if (val = =4)    {
    movie00. stop ();
```

```
        movie1. stop ();
        movie2. stop ();
        movie3. stop ();
        movie5. stop ();
        movie6. stop ();
        movie7. stop ();
        movie4. play ();
        movie4. loop ();
       image (movie4, 0, 0);
    }
  if (val = =5)      {

        movie00. stop ();
        movie1. stop ();
        movie2. stop ();
        movie3. stop ();
        movie4. stop ();
        movie6. stop ();
        movie7. stop ();
        movie5. play ();
        movie5. loop ();
       image (movie5, 0, 0);
    }
  if (val = =6)      {
        movie00. stop ();
        movie1. stop ();
        movie2. stop ();
        movie3. stop ();
        movie4. stop ();
        movie5. stop ();
        movie7. stop ();
        movie6. play ();
```

```
      movie6. loop ();
      image (movie6, 0, 0);
    }
    if (val = =7)    {
      movie00. stop ();
      movie1. stop ();
      movie2. stop ();
      movie3. stop ();
      movie4. stop ();
      movie5. stop ();
      movie6. stop ();
      movie7. play ();
      movie7. loop ();
      image (movie7, 0, 0);
    }
  if (val = =0)    {
      movie1. stop ();
      movie2. stop ();
      movie3. stop ();
      movie4. stop ();
      movie5. stop ();
      movie6. stop ();
      movie7. stop ();
      movie00. play ();
      movie00. loop ();
     image (movie00, 0, 0);
    }
  }
```

5. 项目测试

《丝绸之路》是一个典型的交互装置作品，这个作品最大的特点是使用了吸铁石模拟开关传感器，这可以带来很多优点，比如：在作品表面看不到交互装置的痕迹，所有机关都隐藏起来，极大地避免了交互展示装置暴露在外面、容易人为损坏的问题；另外运用了机械方式模拟信号输入，更简单、稳定。这是一个特别适合初学者进行交互创作的解决方案。

▲ 图 8-12 《丝绸之路》交互装置作品效果图

先要对物理界面进行测试，检查每个接触点的灵敏性，是否每个输入信号都可以稳定地传输给单片机，只有全部通过测试后，才能把 KT 板的上下装置封装起来。然后再对逻辑界面进行测试，测试单片机接收到的信号是否可以及时传输给 Processing 程序来控制相应视频的播放。

8.3 反思与总结

交互艺术创作充满挑战与创新，初学者常有无从下手之感。本书介绍了一些简单的方法，希望可以抛砖引玉，帮助初学者快速进入这一设计领域，培养创作能力，激发创作兴趣。

在创作实践中，会遇到各种困难，犯很多错误，但这些经验与教训都是成长路上收获的财富，每次遇到困难，在突破重围、解决问题后，都会有一次更大的进步，所以不要被困难吓倒，要善于总结经验教训，并在下一次时做得更好。

最后，在交互媒体创作中笔者认为有两点是需要创作者谨记的。

1. 技术是基础、艺术是灵魂

在创作实践中，技术的不可实现会给项目带来致命性的后果，很多必须要回到原点重新开始新的方案，对于没有经验的初学者，这类问题屡有发生，所以尽可能选择一种自己能驾驭的技术手段来进行作品设计是非常重要的。有时设计师也会走向另一个极端，认为技术决定一切，很多作品只考虑技术而缺乏对艺术与设计的关注，导致作品成了技术的傀儡。初学阶段，就应养成技术是基础、艺术是灵魂的设计理念，即使作为专业的设计师，也应该始终明确技术与艺术的关系，技术虽然是交互设计创作的重要基础，但艺术才是作品优劣的决定因素。

2. 稳定性至关重要

大多数新媒体艺术展展期都不长，这和很多因素有关，其中很重要的一点就是系统的稳定问题。无论是大型的商业汇展，还是小型的艺术展，经过一段时间的展示，很多交互项目都会出现系统失灵或装置破损的现象，直接影响展览的效果。所以，避免或降低展示的不稳定风险已成为新媒体艺术设计的重要指标。首先，设备选型要尽可能坚固；其次，设计时也要考虑装置的稳定性。不要高估使用者的素质与使用习惯，大多数观众没有耐心看长篇大论的使用说明。设计师要把使用者看成顽童，在进行系统规划时，尽可能将交互功能设计得清晰易懂，便于理解与使用。如果涉及物理界面，装置还应符合人体工学，牢固不易损坏，以保证项目运行的安全稳定。

交互设计是一项特别有挑战，同时又充满创新、惊喜的设计工作，是一个需要创作者终身学习的全新设计领域，也是一个可以给不同专业背景的人们带来新的灵感的交叉应用学科领域。希望交互设计可以给你带来更多的创作激情，帮助你实现更远大的创业梦想。

参考文献

[1] 宫林. 新媒体艺术 [M]. 北京：清华美术出版社，2014.

[2] 尹章池. 新媒体概论 [M]. 北京：北京大学出版社. 2017.

[3] 范美俊. 新媒体文艺 [M]. 北京：中国传媒大学出版社. 2012.

[4] 林迅. 新媒体艺术 [M]. 上海：交通大学出版社. 2011.

[5] (德) 苏珊·朗格. 艺术问题 [M]. 腾守尧，译. 北京：中国社会科学出版社，1983.

[6] (美) 泰德维尔. 界面设计模式 [M]. De Dream，译. 北京：电子工业出版社. 2013.

[7] (美) 加瑞特. 用户体验的要素 [M]. 范晓燕，译. 北京：机械工业出版社. 2016.

[8] (德) 飞苹果 (Alexander Brandt). 新艺术经典 [M]. 吴宝康，译. 上海：上海文艺出版社. 2011.

[9] (美) 艾伦·库伯，等. About Face 4：交互设计精髓 [M]. 倪卫国，等译. 北京：电子工业出版社. 2015.

[10] (美) 唐纳德·A·诺曼. 设计心理学：情感化设计 [M]. 何笑梅，译. 北京：中信出版社. 2015.

[11] 王帅兵. 基于互动装置艺术的自然交互设计研究 [J]. 科技与创新，2016 (16)：29.

[12] 吴佳桉. 新媒体互动装置艺术的人文反思 [J]. 创作与评论，2015 (10)：109-112.

[13] 程时伟，罗玉容. 信息可视化中的交互设计研究及应用实例 [J]. 创意与设计，2011 (02)：25-27.

[14] 孟萌. 基于 Arduino 的数据采集器研究 [J]. 电子技术与软件工程，2016 (4)：87-88.

[15] 陈镔，张兴远. 基于 Arduino 的绘图机器人［J］. 电脑知识与技术，2016（12）：155-159.

[16] Roudaut A，Subramanian S. Creating the future of interactive devices，together［J］. Materials Today，2013（16）：254-255.